高等院校建筑设计专业“十四五”新形态系列教材

场地设计

谢宏杰 主编

Site
Design
and
Planning

武汉理工大学出版社
WUHAN UNIVERSITY OF TECHNOLOGY PRESS

图书在版编目(CIP)数据

场地设计 / 谢宏杰主编. -- 武汉 ：武汉理工大学出版社，2025. 1. --（本科教材）. -- ISBN 978-7-5629-7216-7

Ⅰ. TU201

中国国家版本馆 CIP 数据核字第 2024YJ2967 号

武汉理工大学本科教材建设专项基金项目

项目负责人：杨　涛

责 任 编 辑：赵星星

责 任 校 对：张莉娟

版 面 设 计：正风图文

出 版 发 行：武汉理工大学出版社

社　　　址：武汉市洪山区珞狮路 122 号

邮　　　编：430070

网　　　址：http://www.wutp.com.cn

经　　　销：各地新华书店

印　　　刷：武汉兴和彩色印务有限公司

开　　　本：889×1194　1/16

印　　　张：11

字　　　数：280 千字

版　　　次：2025 年 1 月第 1 版

印　　　次：2025 年 1 月第 1 次印刷

定　　　价：49.90 元

前　言

场地设计作为建筑学领域中一个重要组成部分，越来越受到学者和专业人士的重视。它既不同于城市规划的宏观视角，也不同于总图设计的具体实施，在建筑学教育和实践中扮演着独特的角色。在我国，虽然场地设计作为一个独立学科的时间并不长，但在全国建筑学专业教育评估和注册建筑师考试科目中，场地设计的内容被纳入考量，这反映了其在建筑实践中的重要性。

场地设计不仅是关于空间布局和功能分区，它还涉及对场地的物理特性、文化背景、社会需求和生态可持续性等方面的深入研究。它关注建筑与环境之间的相互作用，以及如何通过设计来优化这种关系。

通过精心设计的公共空间和建筑布局，可以提升城市的吸引力，创造出美观且具有特色的城市景观；设计良好的社区公共空间可以成为社区成员聚集和交流的场所，增强社区的凝聚力和居民的归属感；合理的场地规划可以最大化地利用有限的城市空间，确保土地资源的有效配置；良好的场地设计可以优化交通流线，减少交通拥堵，提高行人的舒适度，鼓励绿色出行；吸引人的场地设计可以吸引商业投资，推动旅游业发展，从而促进经济增长和城市发展。

本书系统介绍了场地设计基础理论、方法和案例。全书内容丰富，结构合理，案例新颖。希望通过本书，读者能够掌握场地设计的核心概念、方法和技巧，并将这些知识应用到实际建筑设计和环境设计中。本书适合作为高等院校建筑学、城乡规划、园林景观、资源环境等相关专业的教学用书，也可供相关领域的专业人士参考。

为便于学生对各章节的理解和深化学习，每章末都列出了复习思考题供教学选择。同时，本书还选用了部分科研单位和设计机构的设计作品和实景图，谨在此表示感谢。

我相信，随着场地设计学科的不断发展，它将为我国建筑界带来更多的创新和活力。期待本书能够成为读者探索场地设计这门学科的指南，并激发出更多的思考。

由于编者水平有限，书中难免存在错漏之处，敬请读者批评指正！

谢宏杰

2024 年夏于珞樱楼

前言

[illegible]

目　录

1　场地设计概论

学习目标和要求

1. 了解场地设计的基本概念、组成、类型、历史及其在建筑师执业过程中的地位。
2. 了解场地设计的内容、阶段。
3. 了解场地设计与生态、建筑设计、城市规划、城市设计的关系。

1.1　场地设计的概念

场地设计的概念

1.1.1　场地的概念

1. 广义的场地

广义的场地，是指基地包含的全部内容所组成的整体（系统），包括基地内的建筑物、构筑物、交通运输线路及其设施、工程管线、绿化美化设施和室外场地。一般而言，我们说的场地，指的就是广义的场地。

2. 狭义的场地

狭义的场地，是指基地内除建筑物之外的广场、停车场、室外活动场、室外展览场、景观绿化等内容。相对建筑物而言，这些场地统称为“室外场地”，以区别于建筑物之内的中庭、天井等室内空间。

1.1.2　场地的组成及类型

1. 场地的组成

(1) 建筑物、构筑物

建筑物（图 1-1）是指供人进行生产、生活或其他活动的空间场所。根据其用途，可分为工业建筑、民用建筑、农业建筑和园林建筑等，如教学楼、实验楼、体育馆、住宅楼等。建筑物是构成场地的核心要素之一，场地是为建筑物而存在的，建筑物对场地的使用起控制作用。

而构筑物则是指为达到某种使用目的而建造的，人们一般不直接在其内部进行生产和生活活动的工程实体或附属建筑设施，如水池、烟囱、桥梁、水坝、雕塑等。

(2) 交通运输设施

交通系统是场地中不可缺少的构成要素，在场地内建筑物之间、建筑物与构筑物之间、场地同城镇之间起到连接体和纽带的作用，包括道路、铁路、码头、停车场、人行道等（图 1-2、图 1-3）。

(3) 工程管线

工程管线是满足人们生活、生产需要，地下或架空敷设的各种专业管道和缆线的总称，包括给水管道、排水管道、燃气管道、雨水管道等，以及室外电力电缆、电信电缆等，但不包括工业工艺性管道（图 1-4）。

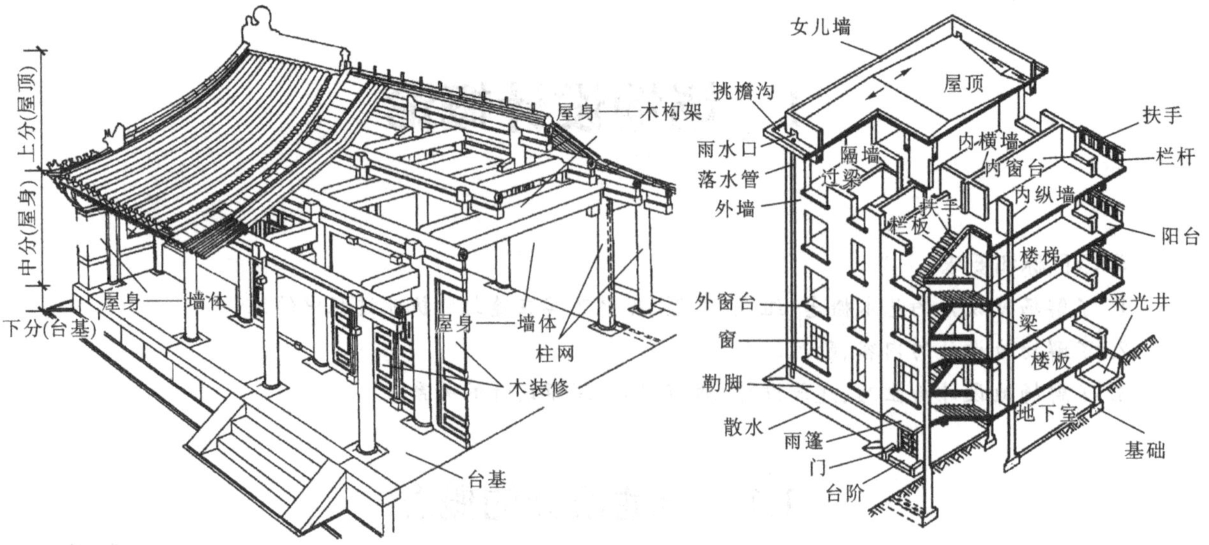

(a)　　(b)

图 1-1　建筑构造图

(a)传统建筑;(b)现代住宅

图 1-2　场地机动车道、非机动车道和人行道

图 1-3　场地地面停车场

图 1-4 城市市政工程管道横断面布置图

(4) 室外设施

进行体育活动、游戏活动等的室外设施是场地的另外一个重要构成要素(图 1-5)。

图 1-5 宜昌云集路

(5) 绿化及美化设施

绿化及美化设施是指室外的绿地、行道树、房前屋后的绿化及建筑小品等(图 1-6)。绿化景观是场地的重要组成部分,能够有效调节小气候环境,影响使用者的视觉印象和心理感受。

图 1-6 济宁文化中心一期局部景观

2. 场地的类型

场地一般兼有多种功能，按照场地的用途，可以将其划分为以下三种：

(1) 民用建筑场地

民用建筑场地是指商场、体育场馆、影剧院、酒店、图书馆、写字楼、学校、食堂、医院、旅馆、展览馆、住宅等建筑场地。

(2) 工业建筑场地

工业建筑场地是指用于工业建设的场地，包括矿山工业场地、工厂工业场地，如钢铁厂、火力发电厂、石油化工厂、机械厂、纺织厂等的建设用地。

(3) 交通建筑场地

交通建筑场地是指道路及汽车站、铁路线路及车站、港口、机场等专用场地。

1.1.3 场地设计的定义

场地设计是指在详细考察基地现状条件，满足相关法规、规范的基础上，对建筑用地内建筑布局、道路交通、场地竖向、广场设施、绿化及工程管线等进行综合性设计。其根本目的是，通过设计使场地中各要素，尤其是建筑物与其他要素，能形成一个有机的整体。从工作内容来看，场地设计包含整个建筑设计流程中除建筑详细设计外的所有设计活动。具体来说，场地设计包括建筑物、构筑物、交通设施、绿化景园设施、场地竖向、工程设施等的总体安排，以及交通设施（道路、广场、停车场等）、绿化景园设施（绿化、景园小品等）、场地竖向与工程设施（工程管线）的详细设计。

1.1.4 场地设计的历史

1. 工业革命之前：崇尚自然与改造自然并存

(1) 中国：追求"天人合一"的自然观

原始社会时期，我们的祖先曾以穴居和巢居作为主要居住形式。这两种形式就是根据基地情况，利用基地条件作出的选择。"下者为巢，上者为营窟"(孟子・滕文公下》)就指出了因地制宜、趋利避害的建筑思想。

新石器时代，村落开始形成。那时人们对基地的有利条件和不利条件便有了较清晰的认识，从基址的选择到村落布局，都可以看到成形的"场地设计"思想。

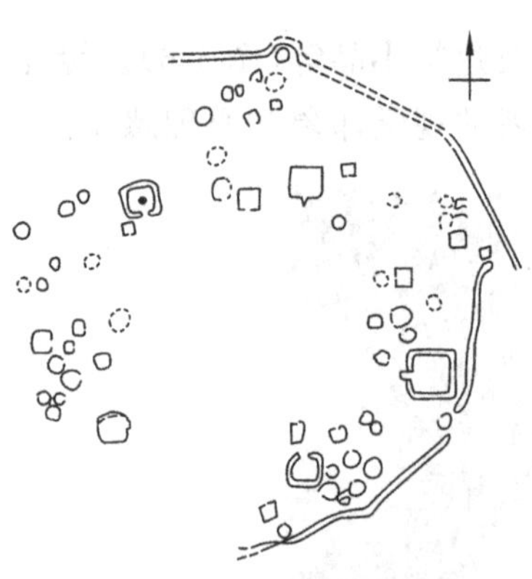

图 1-7 姜寨仰韶村落遗址平面图

在陕西临潼市姜寨发现的仰韶村落遗址中，居住区的住房共分为五组，每一组都以大房屋为核心，其他较小的房屋环绕中间空地，与大房屋呈环形布置，整个基地上的建筑物沿周边建造，中间留出大块空余用地作为核心，结构和布局意图都十分明显(图 1-7)。

"天人合一"的自然观是中国古代场地设计最为显著的思想根源。"天"可以理解为自然，而"人"则理解为人工建造和人对自然的改造，其思想宗旨就是使人工建造与自然达到和谐统一，强调对场地的设计，正如明朝计成在《园冶》中提出的"虽为人作，宛自天开"的效果。

最能体现"天人合一"思想的场地设计是中国古典园林。中国传统园林建造体现了"相地合宜，构园得体"(计成《园冶》)的思想，将"相地"与布局结合起来。

苏州网师园，以渔网为师，水池基形犹如开网落水，是方形，大方无隅。西廊出“月到风来亭”，西北角水湾、石矶、石桥，东南以网之纲引涧向南，欲通过河沼至大海，石闸控水。（图 1-8）

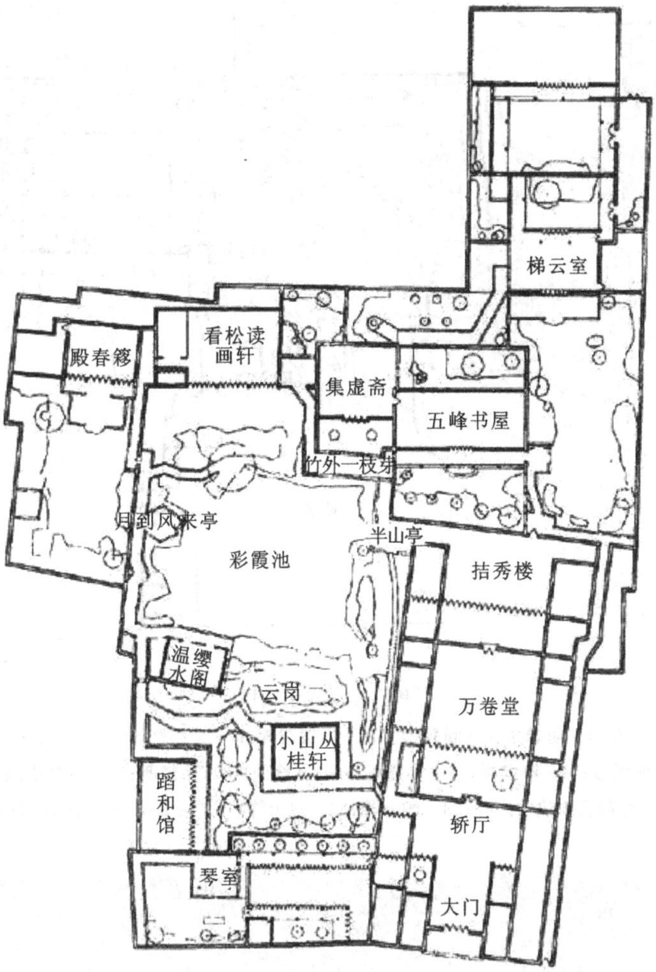

图 1-8 苏州网师园

苏州留园分东区、西区。西区由门厅、轿厅引入，夹巷极尽直曲、广狭、明暗、长短之空间变化，渐入佳境。东区庭院以冠云峰为主景，浣云池静中观动，前馆后楼相呼应。揖峰轩庭院为山石花台与廊、墙、漏窗组织而成的小空间。揖峰轩北留狭地，种竹布石，室内“尺幅窗”透映“无心画”，由暗窥明，灵动入画。循廊“步移景异”，竹枝斜出漏窗，古藤穿石的“石林小院”充分展示了小中见大的特色，此亦留园精到之处。（图 1-9）

从《江山秋色图》中描绘的景象也可以看出，建筑在自然环境中并不突出，在选址上，体现了谦虚避让的思想，如位于山脚、藏于山坳中，充分体现了建筑对其周边自然环境的尊重。（图 1-10）

（2）西方：强调人工秩序

与我国古代不同，西方国家的场地设计更多强调的是人的创造力，提倡创造性地改造自然，体现了自然服从于人的思想。古典主义者推崇笛卡尔的理论，强调明晰性、精确性和逻辑性。他们认为，几何结构和数学关系是美的根源，纯粹的自然之美是不完全的，艺术高于自然。

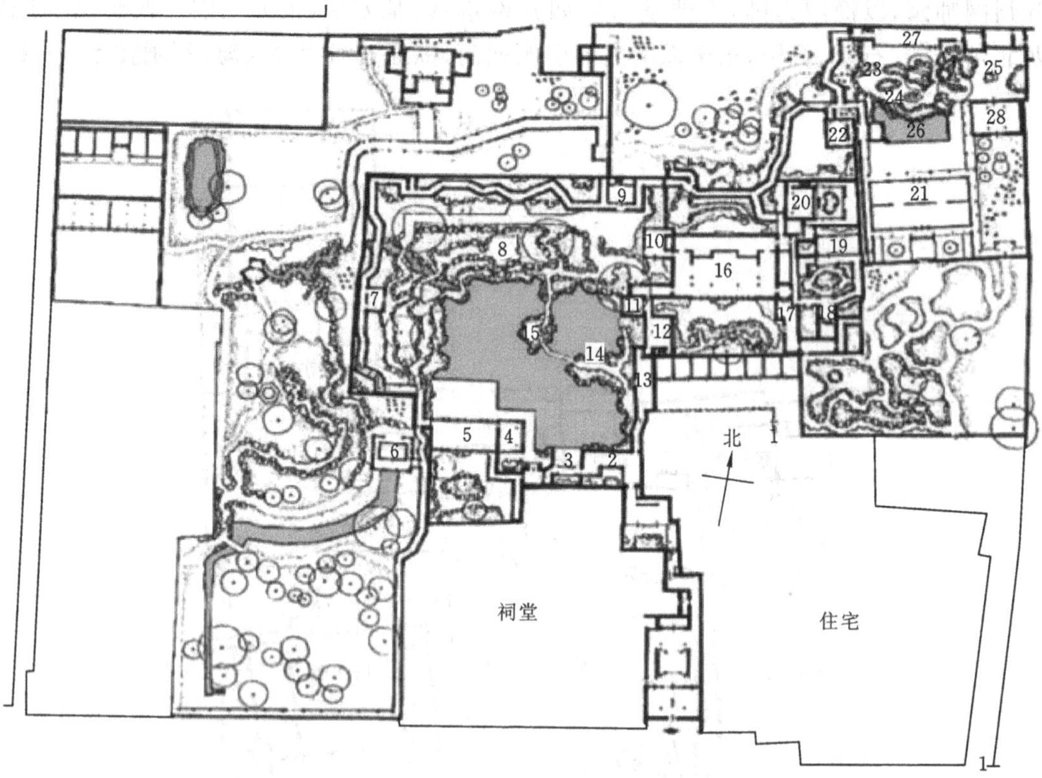

图 1-9 苏州留园

1—大门；2—古木交柯；3—绿荫；4—明瑟楼；5—涵碧山房；6—活泼泼地；7—闻木樨香轩；8—可亭；9—远翠阁；10—汲古得绠处；11—清风池馆；12—西楼；13—曲溪楼；14—濠濮亭；15—小蓬莱；16—五峰仙馆；17—鹤所；18—石林小屋；19—揖峰轩；20—还我读书处；21—林泉耆硕之馆；22—佳晴喜雨快雪之亭；23—岫云峰；24—冠云峰；25—瑞云峰；26—浣云池；27—冠云楼；28—伫云庵

图 1-10 《江山秋色图》①（局部）（宋·赵伯驹绘）

① 现藏于北京故宫博物院。

以法国的凡尔赛宫为例，正如清华大学建筑学院陈志华先生所描写的："凡尔赛花园郁郁葱葱的森林，潺潺湲湲的流水，完全依靠劳动者创造的生产技术能力。"①在场地中，一条从宫殿延伸出的长达 1km 的壮丽轴线成为布局的基础，笔直的大道和小径纵横交织，组成各种几何图案。场地的结构关系完全是呈几何性的，几乎未受到基地条件的影响，充分体现了人工秩序对基地的绝对控制(图 1-11)。

图 1-11 《1868 年的凡尔赛宫》(皮埃尔·帕特尔绘)

2. 工业革命时期：新建筑运动的兴起

(1) 早期现代主义建筑取得了丰硕成果

工业革命带来了新建筑运动。第二次世界大战后，国际式风行世界，早期现代主义建筑也取得了丰硕的成果。

(2) 后现代主义建筑思潮：重视城市文脉的延续

20 世纪 60 年代，随着对狂飙突进的工业社会的反思，后现代主义建筑思潮开始兴起，片面的"机器"建筑观被遗弃。后现代主义回顾历史，强调文脉，重视城市发展的延续性，重视精神与意义的表达，这与整个社会观念的转变是分不开的。

虽然这一思潮最终也走向了它的反面，但是它促使建筑领域对社会、历史、人的精神需求和城市问题给予了更多的关注，这是其最重要的贡献。

3. 近几十年：重视生态环境，强调可持续发展

近年来，随着碳排放量的升高，全球气候剧烈变化，气象灾害频发，台风、暴雨等极端天气给城市系统带来了巨大的经济损失。因此，在进行场地设计时，设计者以系统观、生态观为理论基础，对可持续以及绿色生态的关注越来越多。

---

① 陈志华.外国建筑史 十九世纪末叶以前[M].北京：中国建筑工业出版社，1984：146.

1.2 场地设计的工作过程

在确定的建设用地范围内，按照建设项目的功能要求，结合场地的自然条件和建设条件，在符合国家有关法规、规范的要求下，对场地的建筑物、构筑物、交通运输线路、公共设施、工程管线、绿化及美化等设施的平面位置和竖向高程进行合理的安排，使建设项目达到经济合理、技术先进、节约用地、美化环境的目的，这一工作过程称为场地设计。

1.2.1 场地设计的内容

场地设计一般包括场地选择、现状分析、场地布局、交通组织、竖向布置、管线综合、环境设计与保护、技术经济分析等八个方面的内容。

1. 现状分析

根据场地的使用功能要求，对场地的自然条件和建设条件进行勘察分析，一般包括地形、地貌、气候、工程地质和水文地质条件等自然条件，以及区域环境、周围环境、内部现状条件、周围基础设施条件等建设条件。

2. 场地布局

结合场地的现状条件，分析研究建设项目的各种使用功能和技术要求，明确功能分区，合理确定场地内建筑物、构筑物及其他工程设施相互之间的空间关系，并进行具体的平面布置。

3. 交通组织

合理组织场地内的各种交通流线，避免各种人流、车流之间相互干扰，并进行道路、停车场地、出入口等交通设施的具体布置。为了满足交通线路的技术条件，还需对建筑物、构筑物的布置进行调整，并进行场地内道路(铁路)设计(图 1-12)。

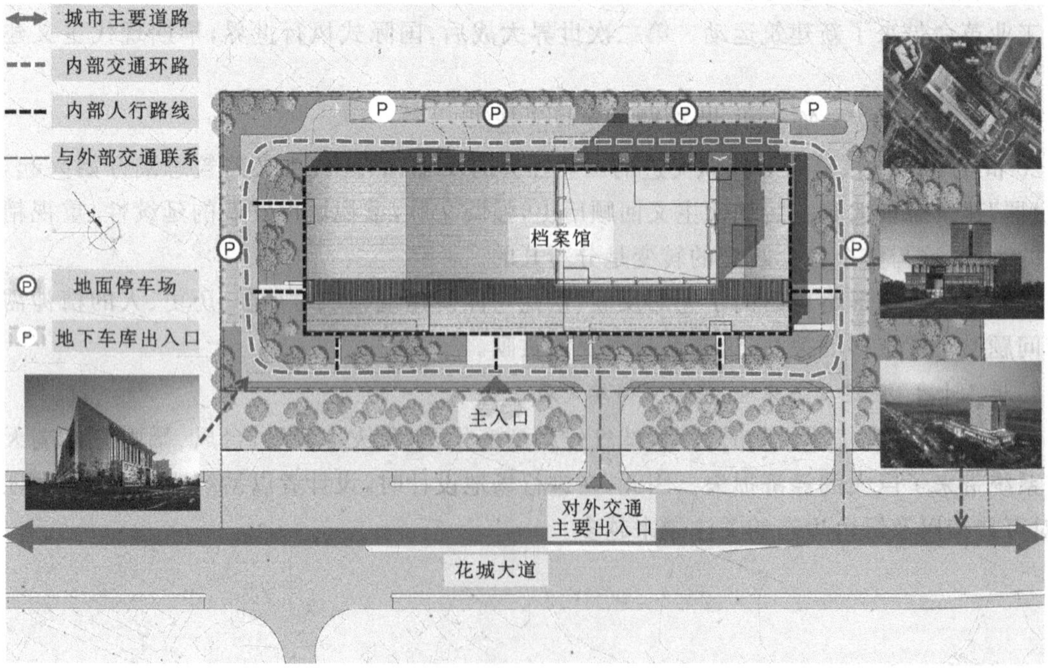

图 1-12　某档案馆交通组织分析图

4. 竖向布置

根据建筑物、构筑物使用功能和交通线路的技术要求，结合场地地形及环境，拟定场地的竖向设计方案；合理确定场地设计高程和建筑物室内外地坪高程，计算土(石)方工程量，并进行竖向设计(图 1-13、图 1-14)。

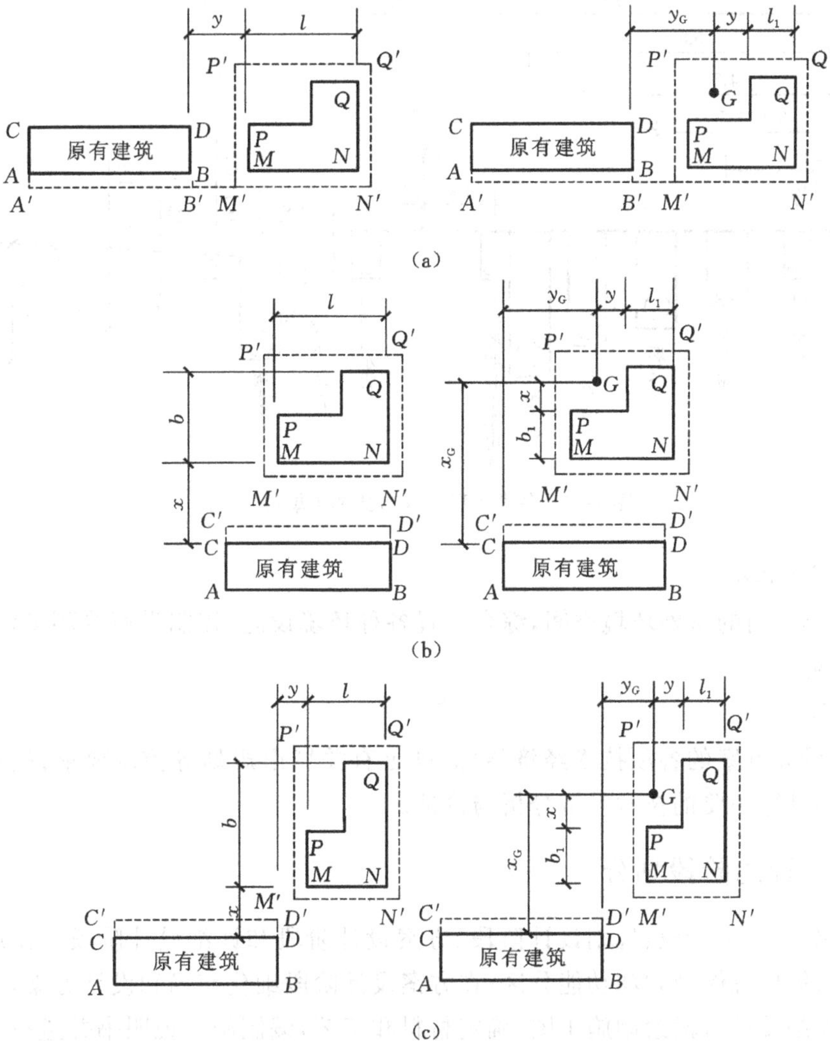

图 1-13 建筑物基础放线方法

(a)延长线法；(b)平行线法；(c)直角坐标法

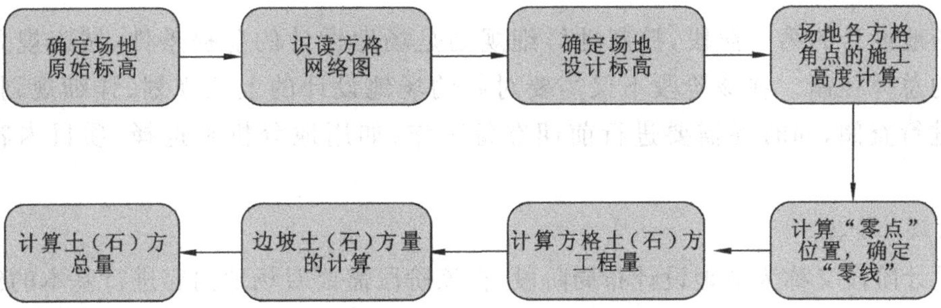

图 1-14 土(石)方工程量计算流程

5. 管线综合

协调各种室外管线的敷设,合理进行场地管线的综合布置,并确定各种管线在地上和地下的走向、平行敷设顺序、管线间距、架设高度或埋设深度等,避免其相互干扰(图 1-15)。

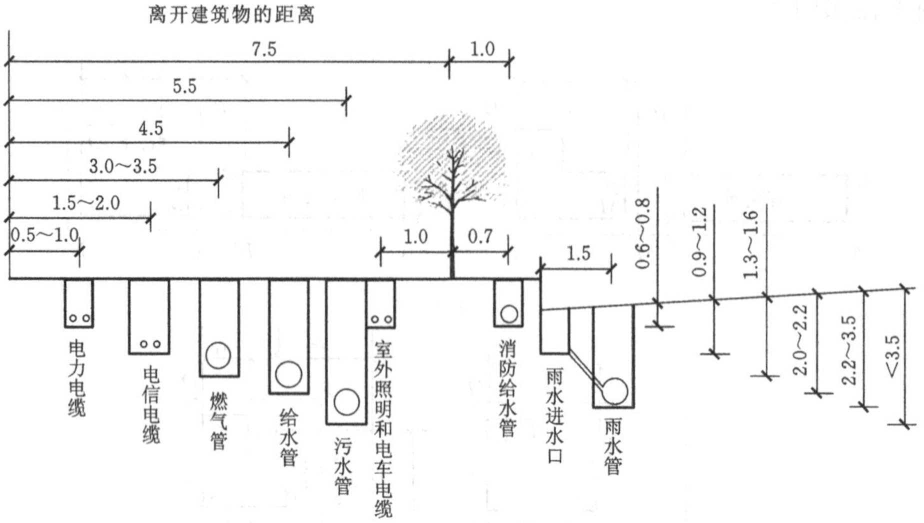

图 1-15 各类工程管线布置图(单位:m)

6. 环境设计与保护

合理组织场地内的室外环境空间,综合布置各种环境设施,控制噪声等环境污染,创造优美宜人的室外环境。

7. 技术经济分析

核算场地设计方案的各项技术经济指标,满足有关城市规划等控制要求;核定场地的室外工程量及造价,进行必要的技术经济分析与论证。

1.2.2 场地设计的阶段划分

场地设计分为三个阶段:规划设计阶段、方案设计阶段和详细设计阶段。在规划设计阶段进行场地调查,提出总体规划和功能分区;在方案设计阶段细化布局和设计方案,考虑技术和经济可行性;在详细设计阶段绘制施工图,确定材料和工艺,编制施工说明书并进行专业协调。这三个阶段相辅相成,共同构成了完整的场地设计过程,从总体规划到细节落实,确保设计的科学性、合理性和可实施性。

1. 规划设计阶段

这是场地设计的第一阶段,控制性详细规划是场地设计的前提条件,城市规划是对城市建设发展的总体控制。在该阶段不仅需要对制约场地设计的上位规划、详细规划及法规、政策等内容进行查阅,同时还需要进行前期准备工作,如用地分析和选择、项目内容的详细配置等。

2. 方案设计阶段

方案设计阶段又称为场地设计布局阶段,在该阶段需要对场地内容进行基本的组织和大体的安排,确定场地的基本形态,建立起各组成要素之间的基本关系。具体而言,主要包括用地的基本划分,建筑物、交通系统、绿化系统以及其他特殊内容的基本布局安排。

3. 详细设计阶段

在详细设计阶段，主要是落实场地内各项内容的具体设计要求，包括道路、广场、停车场等交通系统的详细设计，绿化种植、景观设施及小品的详细设计，以及工程管线系统的综合布置和场地设计等。

1.2.3 场地设计与注册建筑师制度

建筑师在整个建筑设计过程中，负责建筑专业的相关工作，承担统筹、协调各个专业的任务，是一个平台型、综合型、牵头型的角色。具体来说，建筑师要具备五大专业的职业素质，即建筑、结构、水、暖、电。建筑师既要精通本学科的专业知识，又要了解和熟悉其他四个专业的知识体系和业务流程。

场地设计是一门综合性学科，涉及社会学、建筑学、工程技术、城市规划、园林景观设计、环境科学、经济学等多门学科，是注册建筑师和注册规划师必须掌握的设计前期知识。

1994 年，建设部、人事部联合发布了《关于建立注册建筑师制度及有关工作的通知》，随后国务院颁布了《中华人民共和国注册建筑师条例》，明确了注册建筑师制度。实行注册建筑师制度后，场地设计开始作为一门系统的、专门的课程在部分高校设立。在一级注册建筑师考试的 9 门科目中，包含 2 门与场地设计直接相关的考试科目，即设计前期与场地设计、场地设计(作图题)。《全国一级注册建筑师资格考试大纲(2021 年版)》将 9 门考试科目改为 6 门后，仍然保留了设计前期与场地设计考试科目，足见场地设计的专业知识的重要性。

1.3 场地设计的相关领域

1.3.1 场地设计与生态的关系

场地设计的目的是实现对土地的合理规划和使用。进行场地设计时，应力求对场地内的生态环境产生最小的破坏和影响。

从我国城市生态规划演进历程(图 1-16)来看，可以将其划分为四个阶段：初始萌芽期(1949—1977 年)、缓慢发展期(1978—1989 年)、启动建构期(1990—2000 年)、全面发展期(2001 年至今)。

在初始萌芽期(1949—1977 年)，我国在城市发展过程中对生态环境保护的关注明显不足，城市发展经历了“快速规划”和“三年不搞规划”两个极端时期，此时许多城市问题开始显露。

进入缓慢发展期(1978—1989 年)，随着改革开放政策的提出，国家对生态环境保护问题逐步重视，期间召开多次全国城市工作会议，同时给予政策支持，如 1979 年 9 月颁布了《中华人民共和国环境保护法(试行)》，1988 年 9 月国务院发布《关于城市环境综合整治定量考核的决定》。这一时期，城市规划从重视环境保护逐步转向关注生态保护。

到启动建构期(1990—2000 年)，不仅环境污染问题突出，如城市生活废物和工业“三废”问题，同时城市资源紧缺，生态承载力脆弱问题开始凸显，生态环境规划成为该时期的重点发展战略。1998 年 11 月，国务院颁布《全国生态环境建设规划》，提出了我国生态环境建设的近期、中期、远期三阶段目标。

自 2001 年以后，我国经济和城镇化建设高速发展，重视经济发展、忽视生态保护的粗放式发展模式，使得我国生态环境出现许多问题，国家和地方对生态环境保护均作出积极响应。在

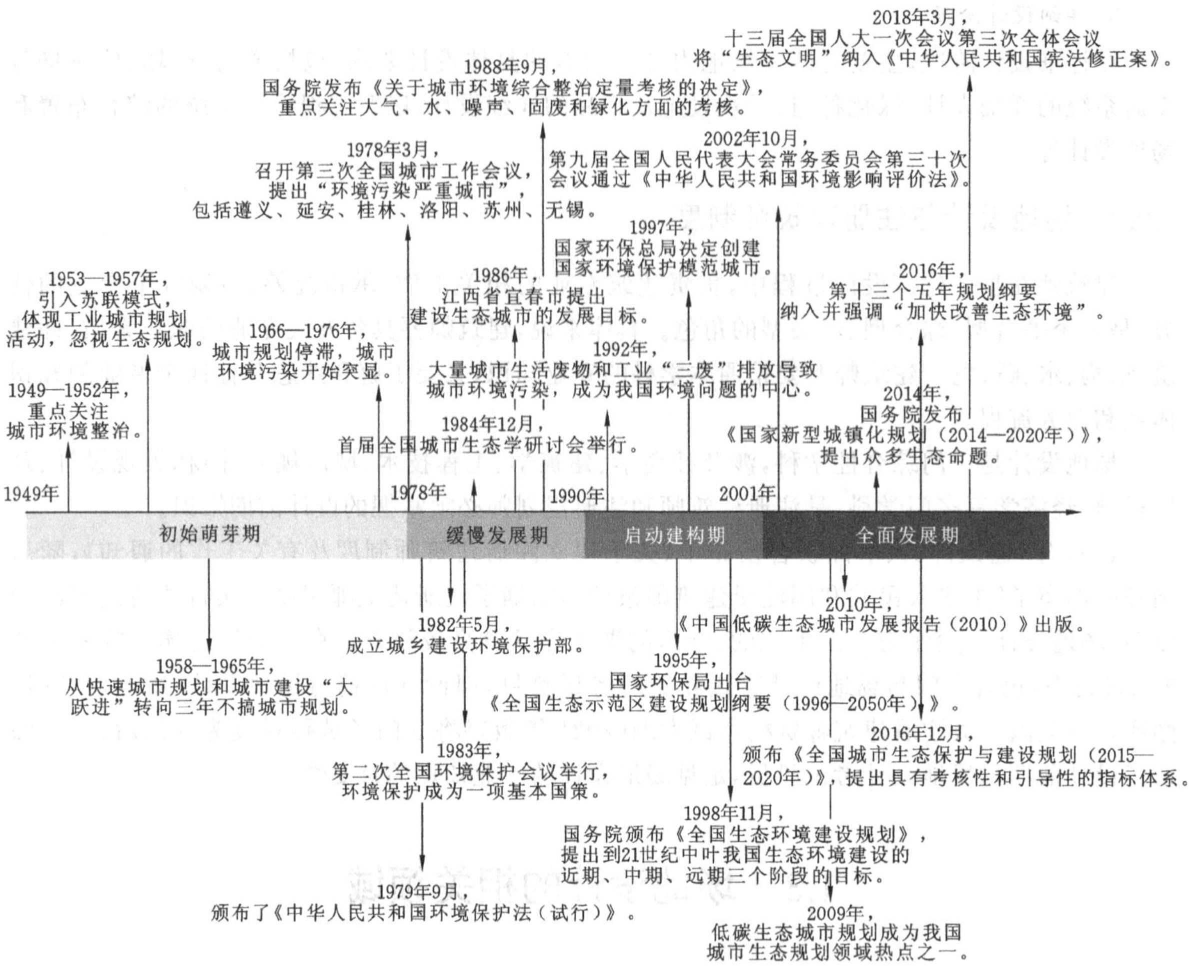

图 1-16　我国城市生态规划演进历程

国家层面，将“生态环境保护”上升至“生态文明建设”，2012—2018 年多次对“生态文明建设”作出政治保障，2018 年 3 月首次历史性地将“生态文明”写入宪法。

1.3.2　场地设计与建筑设计的关系

场地设计和建筑设计是相互影响、相互依存的，场地功能是建筑功能的展开。场地设计与建筑设计的关系如图 1-17 所示。

1. 场地设计是建筑设计的重要环节

场地设计是建筑设计工作的重要组成部分，需与建设项目的性质、规模相适应，需服从建筑设计的总体安排，且满足建筑的功能、技术、安全、经济、美观等方面的要求。

2. 场地设计贯穿建筑设计的全过程

场地设计可分为初步设计和施工图设计两个阶段。在这两个阶段，场地设计人员需配合建筑设计完成各阶段的设计任务。

在初步设计阶段，主要进行设计方案或重大工程措施的综合技术经济分析，论证技术上的适用性、可靠性和经济上的合理性，并制订土地使用计划、确定主要工程方案、提供工程设计概算。初步设计方案是审定批准项目建设、设计编制施工图并进行有关施工准备的依据。初步设计工作主要包括场地条件及有关要求分析、总平面布局、竖向布置、空间景观设计等。

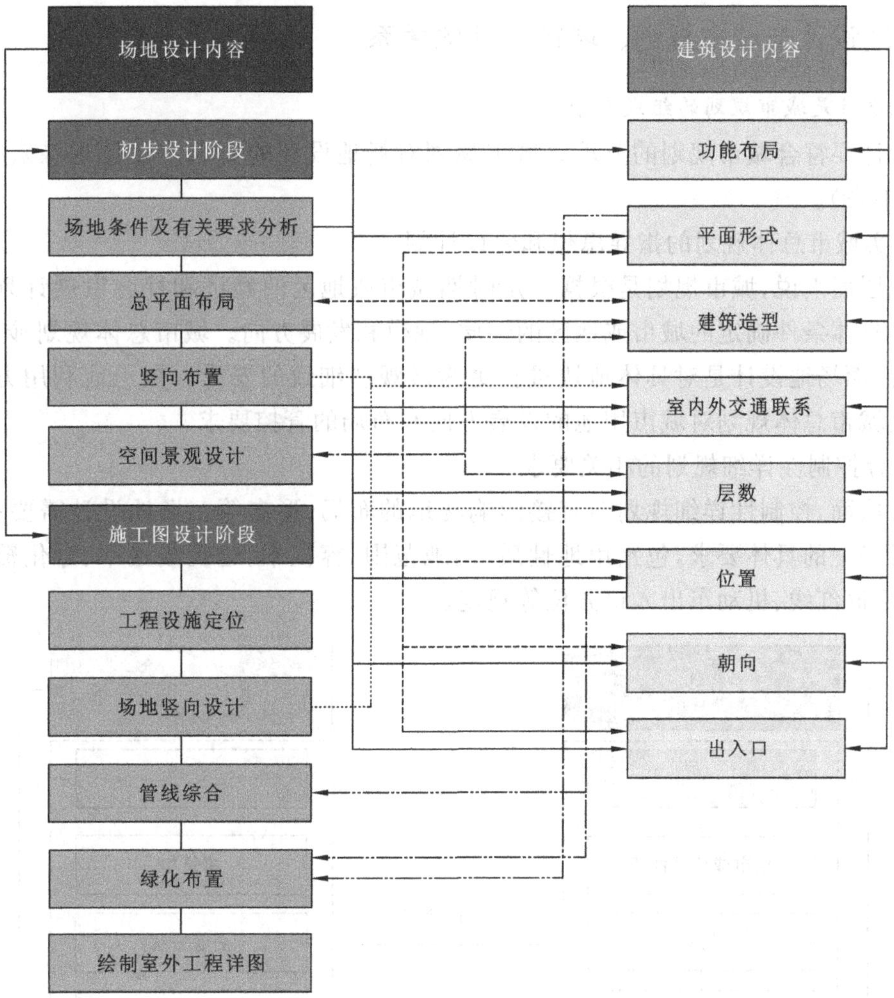

图 1-17 场地设计与建筑设计的关系

在施工图设计阶段，则是根据已批准的初步设计方案编制具体的实施方案；根据已编制的工程预算订购材料和设备，并组织施工安装及工程验收等工作。其工作主要包括场地内各项工程设施的定位、场地竖向设计、管线综合、绿化布置及绘制室外工程详图等。

3. 场地设计对单体建筑设计起制约作用

场地设计是对场地内的建筑群、道路、绿化等进行全面、合理布置，并综合利用环境条件使之成为有机整体。场地设计对场地内单体建筑的设计，如功能布局、平面形式、层数及建筑造型等，起到一定的制约作用。

在场地设计过程中，要对场地条件及建设项目进行全面分析，充分结合场地条件，扬长避短，进行合理的功能分区与用地布局，使各功能区之间既联系便捷，又具有相对独立性，做到闹静分开、洁污分开、内外分开；合理布置各种交通流线及出入口，减少相互交叉与干扰；明确场地内各类建筑的主从关系，完善空间布置；根据用地特点及功能要求合理安排场地内各种绿化及环境设施。场地设计对其中的单体建筑设计的制约作用很大，建筑的位置、朝向、室内外交通联系、出入口布置、造型设计等都应贯彻场地设计的意图。同时，由于单体建筑设计还受到建筑物的使用功能、材料与工程技术、用地条件及周围环境等因素的制约，因此，场地设计在一定程度上也受到单体建筑的平面形式、建筑层数、形态尺度等的影响。进行单体建筑设计时，若能妥善处理好这些关系，就会使设计更加经济、合理。

1.3.3 场地设计与城市规划、城市设计的关系

1. 场地设计是城市规划的组成部分

场地设计要符合城市规划的要求。城市规划对场地设计的要求主要体现在宏观和微观两个层面(图 1-18)。

(1) 落实城市总体规划的指导思想和建设计划

从宏观层面来说,城市规划是根据一定时期城市或地区的经济和社会发展计划与目标,结合当地当时具体条件确定的城市或地区的性质、规模和发展方向。城市总体规划涉及的用地范围较为宏观,而场地设计是对具体地块进行更为微观和细致的安排。在土地利用方面,场地设计需要满足城市总体规划对城市用地的发展方向和布局的管控要求。

(2) 符合控制性详细规划的相关要求

在微观层面,控制性详细规划会直接影响场地的布局、形态等。场地设计需要符合控制性详细规划对场地的具体要求,包括用地性质、用地范围、容积率、建筑覆盖率、绿化覆盖率、建筑高度、建筑后退红线、机动车出入口方位等规定。

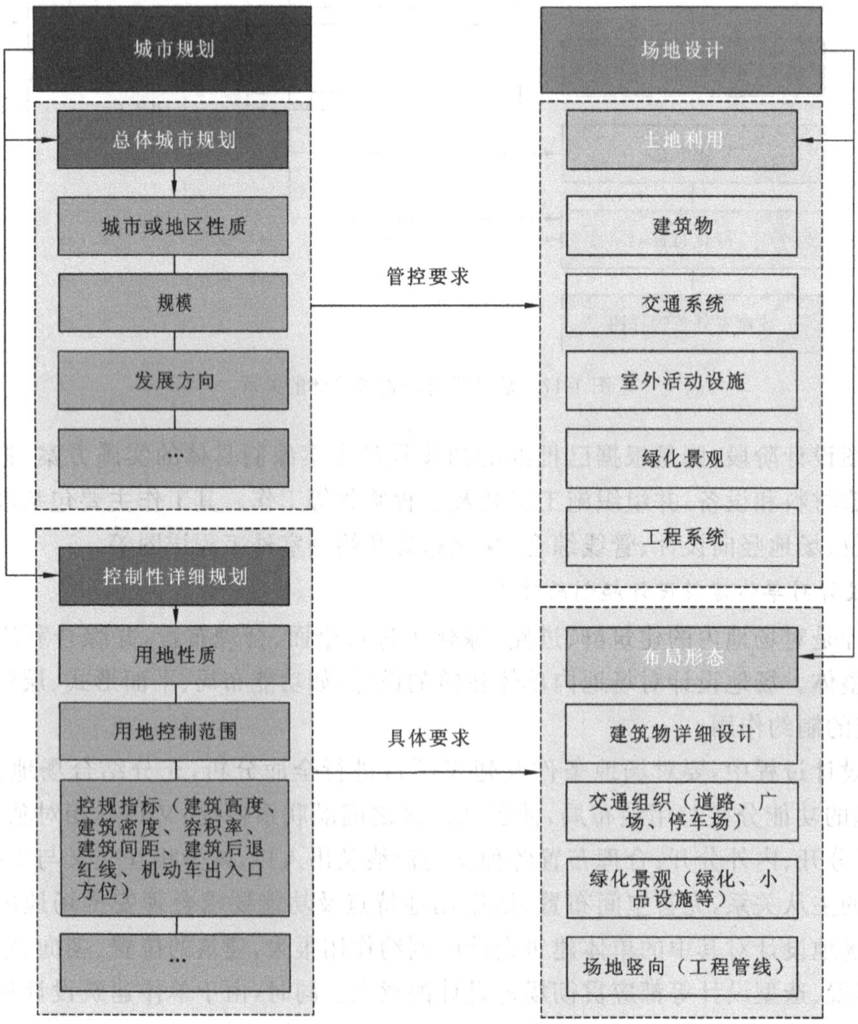

图 1-18 场地设计与城市规划的关系

2. 场地设计是城市设计的具体体现

任何一块场地都是城市整体环境的一部分，因此，进行场地设计时，不仅要关注其内部环境，还要与周边城市环境相协调。从这方面来看，场地设计的任务与城市设计的任务有许多相似之处，即二者都需要解决与环境形态相关的问题，都重视环境的整体性以及人在环境中的视觉感受和心理感知。同时，二者又存在差异。其一，从关注的问题来看，城市设计侧重于城市问题，尤其是城市公共空间的问题；而场地设计关注的较为微观，侧重于其内部问题的解决。因此，城市设计可以看作场地设计上一层次的问题。其二，城市设计的核心问题是城市环境形态，更重视三维立体效果；而场地设计的核心问题则是对场地内构成要素的组织和对基地的处理与利用，其根本目的是促使场地内各要素形成一个有机的整体，提高基地利用的合理性，更加重视平面上的组织安排。

复习思考题

1. 注册建筑师是一种(　　)称谓。

A.资格　　B.职责　　C.职称　　D.职务

2. 建筑师在设计前期工作中的内容，下列(　　)是完全正确的。

A.提供一份设计方案图

B.负责建设项目的策划和立项，并做出初步方案

C.组织勘探、选址，分析项目建造的可能性

D.提出项目建议书、可行性研究报告、初步方案及评估决策等

3. 在我国基本建设程序中，设计工作一般包括(　　)阶段。

Ⅰ.总体设计；Ⅱ.方案设计；Ⅲ.初步设计；Ⅳ.施工图设计

A.Ⅰ、Ⅱ、Ⅳ　　B.Ⅱ、Ⅲ、Ⅳ　　C.Ⅰ、Ⅱ、Ⅲ　　D.Ⅲ、Ⅳ

4. 设计周期不包括(　　)。

A.设计前期　　B.方案设计　　C.初步设计　　D.施工图设计

5. 在城市规划区内进行建设时，下列(　　)说法是错误的。

A.设计任务书报请批准时，必须持有建设工程规划许可证

B.取得建设工程规划许可证后，方可申请办理开工手续

C.在申请用地时，须核发建设用地规划许可证后，经县级以上地方人民政府审查批准后，由土地主管部门划拨土地

D.禁止在批准临时使用的土地上建设永久性的建筑物、构筑物和其他设施

参考答案

2 场地设计条件

学习目标和要求

1. 了解场地的自然条件，包括地形条件、气候条件和地质条件。

2. 了解场地的建设条件，包括建设现状条件、工程准备条件和基础设施条件。

3. 了解场地的公共限制，包括用地控制、密度和容量的控制、高度控制、绿化控制和其他控制指标。

场地设计条件主要包括自然条件、建设条件，以及城市规划和相关的法规、规范对场地建设的公共限制。这些条件共同制约着场地设计。场地设计工作始于对设计任务的深入了解和对设计条件的分析。场地设计的过程就是不断解决各种矛盾的过程。

2.1 场地的自然条件

场地的自然条件

场地的自然条件是指场地的自然环境、自然地理特征，包括地形、地貌、气候、地质、水文、动植物、土壤等方面。这些自然条件以不同程度、不同范围、不同方式影响着场地的开发利用、空间形态、市政设施等，甚至会影响场地建设的投资效益、采用的工程技术措施和工程建设的速度。

2.1.1 地形条件

不同的地形条件对场地的功能布局、道路的走向和线形、建筑的组合与建筑空间形态、工程的投资效益、工程技术措施和工程建设的速度会产生不同的影响。

场地的自然地理特征，从宏观层面来说，可以分为山地、丘陵、平原等；具体而言，又可以划分为山谷、山坡、盆地、冲沟、河滩、海滨等。

综合考虑各种因素，多选择平坦而简单的地形，但是也不排除其他地形和多种地形的组合。

1. 地形图的识读

地形图，又称现状测绘图、现状图，是场地设计的重要基础资料，用于设计条件分析、方案设计、成果表达。地形图的构成要素包括比例尺、等高线(图 2-1)、坐标、高程、方向、地物符号等。

(1) 比例尺

比例尺是指地形图上任意一条线段的长度与其所代表的地面上相应的实际水平距离之比。比例尺分为数字比例尺和图示比例尺两种。数字比例尺用分子为 1 的分数形式表示，不受图纸缩放的影响。图示比例尺是指和图纸比例一致的比例尺图示。

由于人眼的图纸分辨长度为 0.1mm，因此，把地形图上 0.1mm 所表示的实地水平距离称为比例尺精度。

图 2-1 用等高线表示各种地貌

(a)山丘;(b)盆地;(c)山谷、山脊;(d)鞍部;(e)梯田;(f)峭壁;(g)悬崖;(h)冲沟

(2) 等高距及等高线间距

等高距(图 2-2)是指地形图上相邻两条等高线之间的高差。

等高线间距(图 2-3)是指地形图上相邻两条等高线之间的水平距离。

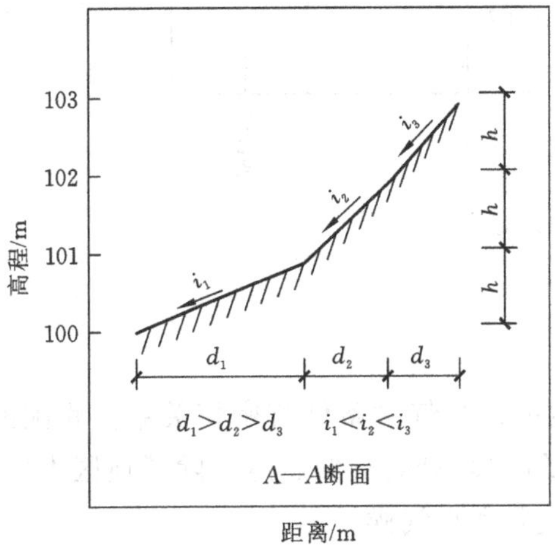

图 2-2 等高距

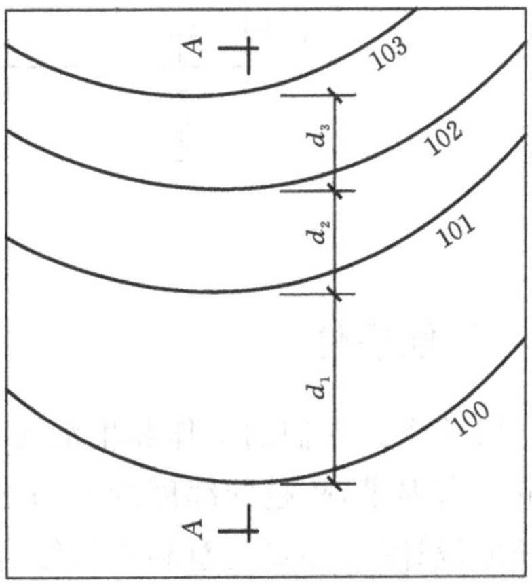

图 2-3 等高线间距

(3) 坐标系统

在半径不大于 10km 的测区面积内，可将大地水准面视为水平面。不考虑地球曲率，规定南北方向为 X 轴，东西方向为 Y 轴，选定测区西南角某点为原点(O)，建立平面直角坐标系统，并确定测图用比例尺，划分方格网，确定图幅号和分幅。

(4) 高程系统

高程系统用于确定地面点的高程位置。地面上一点到大地水准面的铅垂距离，称为该点的绝对高程，简称高程或标高。

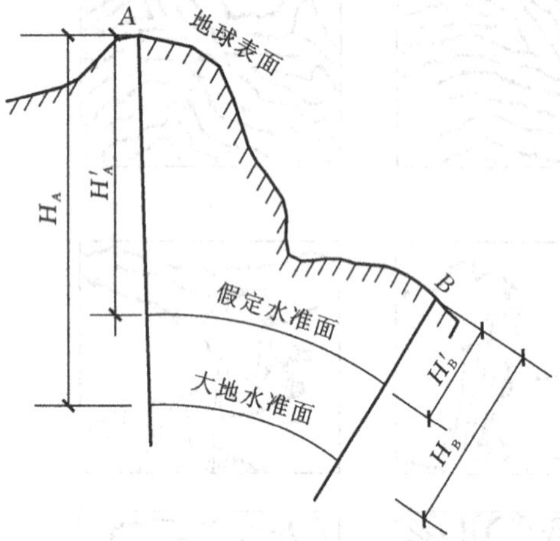

图 2-4　高程系统图示

我国目前采用的大地水准面是“1985 国家高程基准”。以青岛验潮站 1952—1979 年的潮汐观测资料为计算依据，并用精密水准测量接测位于青岛的中华人民共和国水准原点，即得出 1985 年国家高程基准。

以任意假定水准面为基准面，确定地面点的铅垂距离，称为该点的相对高程或假定高程(图 2-4)。

(5) 方向

方向指地形图的东、西、南、北各方位(图 2-5)。判别地形图方向的方法：一般以纵轴为 X 轴，表示南北方向的坐标，值大一端为“北”；以横轴为 Y 轴，表示东西方向的坐标，值大一端为“东”。

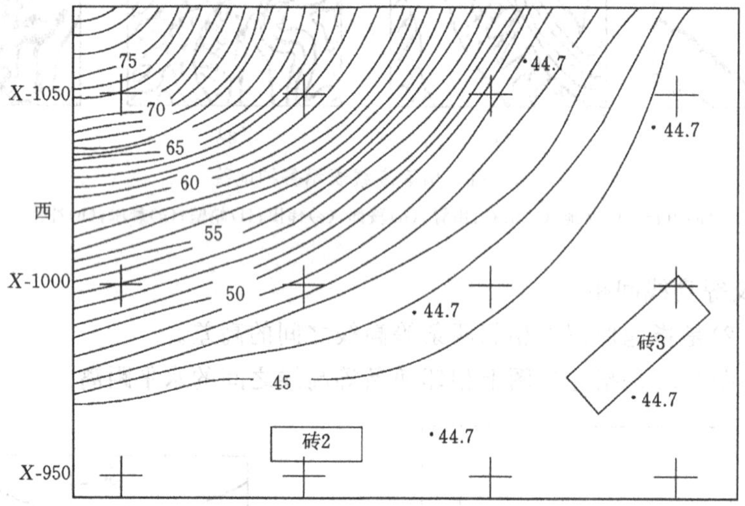

图 2-5　地形的方向

2.1.2　气候条件

气候关系到人们的工作和生活环境，因此，场地设计与气候条件有密切关系。我国南北横跨热带至寒温带，跨越的纬度约 49°；东西由于与海的距离不同，气候悬殊。除了地区大气候外，进行场地设计时，还要注意和地形结合形成的地方气候和小气候。

气候主要包括风象、日照(太阳辐射)、气温和降水。

1. 风象

风象包括风向、风速和风级。

(1) 风向

风向是指风吹来的方向，一般用8个或16个方位来表示(图2-6)。风向在一个地区不是永久不变的，在一定时间内累计各风向所发生的次数，占同期观测总次数的百分比，称为风向频率。主导风向即风向频率最高的方位。

$$风向频率=\frac{该风向出现的次数}{风向的总观测次数}\times 100\%$$

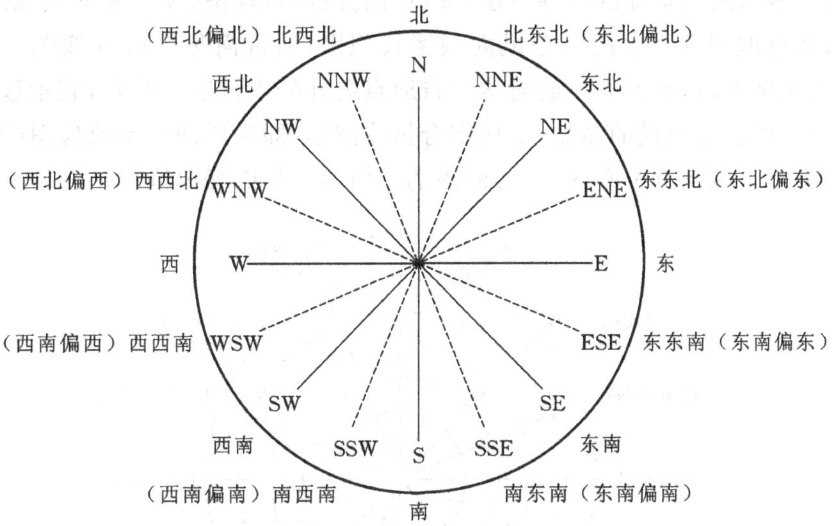

图2-6 风向的16个方位

(2) 风速和风级

气象学上用空气每秒流动了多少米来表示风速大小。风级即风力的强度。表2-1为常用的风力等级划分方法。

表2-1 风力等级划分表

风力等级	名称	陆上地物征象	相当于平地10m高处的风速/($m\cdot s^{-1}$)	
			范围	中数
0	无风	静，烟直上	0.0～0.2	0
1	软风	烟能表示风向，树叶略有摇动	0.3～1.5	1
2	轻风	脸感觉有风，树叶有微响，旗飘动，高草摇动	1.6～3.3	2
3	微风	树叶及小枝摇动不息，旗展开，高草摇动不息	3.4～5.4	4
4	和风	能吹起地面灰尘和纸张，树枝摇动，高草呈波浪状起伏	5.5～7.9	7
5	劲风	有叶小树摇摆，内陆水面有水波，高草呈波浪状起伏明显	8.0～10.7	9
6	强风	大树枝摇动，电线呼呼有声，撑伞困难，高草不时倾伏于地	10.8～13.8	12
7	疾风	全树动摇，大树枝弯下，迎风步行感觉不便	13.9～17.1	16
8	大风	可折毁小树枝，人迎风前行时感觉阻力甚大	17.2～20.7	19
9	烈风	草房被破坏，屋瓦被掀起，可折断大树枝	20.8～24.4	23

续表2-1

风力等级	名称	陆上地物征象	相当于平地 10m 高处的风速/(m·s^{-1})	
			范围	中数
10	狂风	树木可被吹倒,一般建筑物遭破坏	24.5～28.4	26
11	暴风	大树可被吹倒,一般建筑物遭严重破坏	28.5～32.6	31
12	飓风	陆上少见,摧毁力极大	>32.6	>33

(3) 风玫瑰图

风玫瑰图是表示风向特征的一种方法,又可分为风向玫瑰图、风向频率玫瑰图、平均风速玫瑰图和污染系数玫瑰图等。常用的是风向频率玫瑰图,通常简称为风玫瑰图。在风向方位图中,按照一定的比例关系,在各方位放射线上自原点向外分别量取一线段,表示该方向风向频率的大小,用直线连接各方位线的端点,形成闭合折线图形,即为风向频率玫瑰图(图 2-7)。

有时风向频率玫瑰图有中心圈,中心圈内的数值为全年的静风频率。

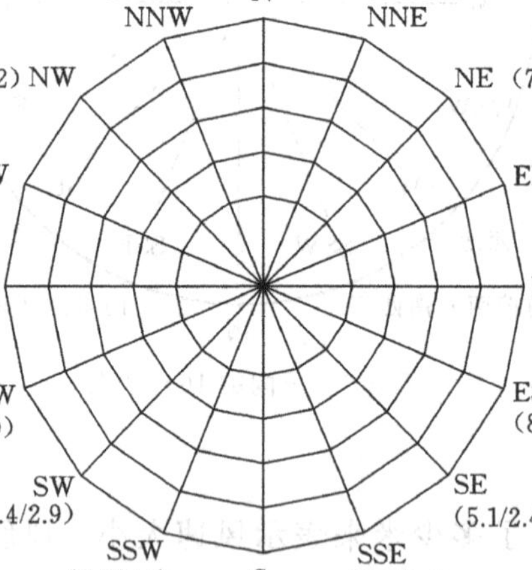

图 2-7 风向频率玫瑰图

注:风向以 16 方位划分;括号中的数据表示风向频率(%)和平均风速(m/s);静风频率为 24.2%。

2. 日照

日照是指太阳光直接照射到物体表面的现象。太阳的辐射强度和日照率随着纬度和地区的不同而不同。分析研究基地所在地的太阳运行规律和辐射强度,是确定基地内建筑的日照标准、遮阳设施及各项工程热工设计的重要依据。

(1) 太阳高度角和太阳方位角

太阳高度角是指直射阳光和水平面的夹角。其值正午时最大,日出日落时为 0°。太阳方位角是指直射阳光水平投影和正南方向的夹角。太阳方位角以正南方向为 0°,由南向东向北为负,由南向西向北为正,如太阳在正东方时方位角为-90°,在正西方时方位角为 90°。(图 2-8)

(2) 日照时数和日照百分率

日照时数是指地面上实际受到太阳照射的时间,以小时为单位,以日、月或年为测量期限。可照时数是指一天内从日出到日落太阳应该照射到地面的小时数,用来比较不同季节和不同纬度的日照情况。日照百分率是指某一段时间(一年或一月)内,日照时数与可照时数的百分比。

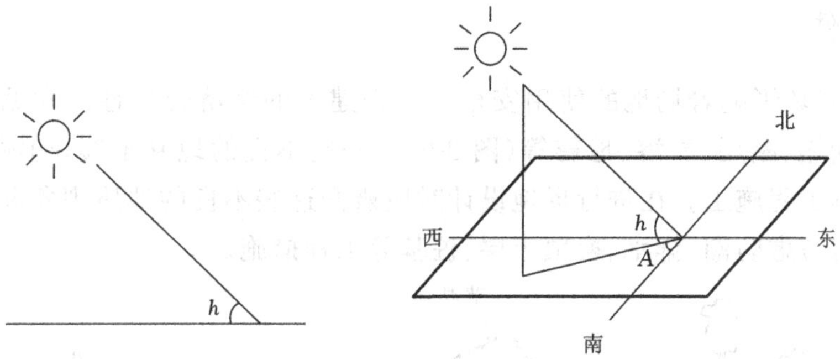

(a) (b)

图 2-8 太阳高度角和太阳方位角

(a)太阳高度角 h；(b)太阳方位角 A

如西安全年日照时数为 2038.2h，日照百分率为 46％；海口全年日照时数为 2239.8h，日照百分率为 51％。

(3) 日照标准

日照标准即建筑物的最低日照要求，与建筑物的性质和使用对象等有关。日照量包括日照时间和日照质量两个指标。日照时间是以该房间在规定的某一日内受到日照的时数为计算标准。日照质量是指每小时室内地面和墙面的阳光照射面积累计的大小以及阳光中紫外线的效用高低。

《城市居住区规划设计标准》(GB 50180—2018)以大寒日或冬至日为标准日，规定了住宅建筑日照标准(表 2-2)。

表 2-2 住宅建筑日照标准

建筑气候区划	Ⅰ、Ⅱ、Ⅲ、Ⅶ气候区		Ⅳ气候区		Ⅴ、Ⅵ气候区
城区常住人口/万人	≥50	<50	≥50	<50	无限定
日照标准日	大寒日			冬至日	
日照时数/h	≥2	≥3		≥1	
有效日照时间带（当地真太阳时）	8 时～16 时		9 时～15 时		
计算起点	底层窗台面				

注：底层窗台面是指距室内地坪 0.9m 高的外墙位置。

3. 气温

气温即大气的温度，表示大气的冷热程度。气温通常指将温度计放在离地面 1.5m 高处的百叶箱内测得的空气温度。衡量气温的指标包括常年绝对最高气温和最低气温、历年最热月和最冷月的月平均气温等。

4. 降水

根据其物理特征，降水可分为液态降水、固态降水、液态固态混合型降水(如雨夹雪)等。降水量是指从天空降落到地面上的液态和固态(经融化后)降水，没有经过蒸发、渗透和流失而在水平面上积聚的深度，单位为毫米。

2.1.3 地质条件

地质条件的好坏影响着场地的使用安全和工程建设的经济合理性。常见的不良地质现象有冲沟、滑坡和崩塌、断层、岩溶、地震等(图 2-9)。一些不良的地基土壤，如泥炭土、大孔土、膨胀土等，也会影响工程施工。在进行场地设计时应避开这些不良的地质现象和地基土壤。如果必须加以利用，需考虑防潮、排水、换填土层、桩基等工程措施。

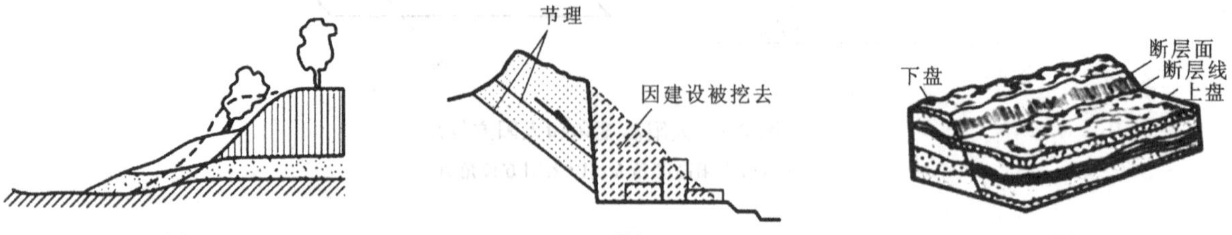

(a) (b) (c)

图 2-9 不良地质现象

(a)滑坡;(b)崩塌;(c)断层

工程地质、水文和水文地质条件的依据是地质勘查报告。

1. 工程地质

在地质勘查报告中，工程地质条件包括地形地貌、地质构造、地层、地基土的物理力学性质、场地不良地质现象等。表 2-3 所示为土质类别及性质表。

表 2-3 土质类别及性质表

土的类别		代表符号	描述	假定承载力		霜冻敏感性	渗透性和滤水性
				psf	kPa		
砾石 6.4～76.2mm	一般砾石	GW	级配良好的砾石	10000	479	无	很好
		GP	级配不好的砾石	10000	479	无	很好
	细砾石	GM	粉土状砾石	5000	239	轻微	不好
		GC	黏土状砾石	4000	192	轻微	不好
砂子 0.05～6.4mm	一般砂	SW	级配良好的砂	7500	359	无	很好
		SP	级配不好的砂	6000	287	无	很好
	细砂	SM	粉状砂	4000	192	轻微	一般
		SC	黏状砂	4000	192	中等	很好
粉土 0.002～0.05mm	LL＞50％	ML	无机粉土	2000	96	很高	不好
		CL	无机黏土	2000	96	中等	不透水
黏土 ＜0.002mm	LL＜50％	OL	有机粉黏土		非常小	高	不透水
		MH	弹性无机粉土	2000	96	很高	不好
		CH	塑性无机黏土	2000	96	中等	不透水
		OH	有机粉土和黏土		非常小	中等	不透水
高有机土		Pt	泥灰		几乎没有	轻微	不好

注：①依据美国试验与材料协会统一土质划分系统。②允许承载力参考岩土工程师意见和建筑规范，1psf＝0.0479kPa。③LL 表示液限，即泥土由可塑状态变成液态的最小含水率，以干重的百分比表示。

2. 水文与水文地质

水文条件是指江、河、湖、海及水库等地表水体的状况。水文地质条件一般是指地下水的存在形式、含水层厚度、矿化度、硬度、水温及动态条件等。地下水对建筑物的稳定性影响很大。

3. 地震

地震就是地球内部的变动引起的地球表层的快速振动。它发源于地下某一点,该点称为震源。振动从震源传出,在地球中传播。地面上离震源最近的一点称为震中,它是接受振动作用最早的部位。大地振动是地震最直观、最普遍的表现形式。

地震的大小用震级表示。震级是根据地震时释放的弹性波能量大小来确定的,我国一般采用里氏震级。通常把小于2.5级的地震叫小地震,2.5～4.7级地震叫有感地震,大于4.7级的地震称为破坏性地震。也可进一步细分:小于3级的为小地震,3～4.5级为有感地震,4.5～6级为中强地震,6～7级为强烈地震,7～8级为大地震,大于8级的为特大地震。

地震时一定点地面振动的强弱程度叫地震烈度。我国将地震烈度分为12度。

震级与烈度,二者虽然都可反映地震的强弱,但含义不同。同一地震,震级只有一个,但烈度却因地而异,不同的地方,其烈度值不一样。例如,2022年9月5日12时52分,四川甘孜藏族自治州泸定县发生6.8级地震。如果说此次地震在苏州是4级,在无锡是3级,是错的。无论在何处,只能说常熟—太仓发生了5.1级地震。但这次地震,在太仓的沙溪镇地震烈度是6度,在苏州地震烈度是4度,在无锡地震烈度是3度。

在场地设计中需注意:

① 新建、扩建、改建工程项目必须达到抗震设防要求。

② 重大建设工程和可能发生严重次生灾害的建设工程必须进行地震安全性评价。

③ 建设工程必须避开地震活动断层及其不利地段。

2.2 场地的建设条件

场地的建设条件是指对场地建设与使用可能造成影响的人为因素或设施,如场地的地理位置(包括周边空间环境、场地内部现状、交通条件、市政设施状况等)、文化背景和社会心理因素。

场地的建设条件包括三个方面:建设现状条件、工程准备条件和基础设施条件。

2.2.1 建设现状条件

1. 现有建筑物、构筑物情况

通过对场地周围现有建筑物和构筑物的分析,可以确定它们对设计方案的影响和潜在的协同关系。这包括了解建筑物的风格、尺度、用途和结构状况,以及构筑物的位置、形式和功能。在设计过程中,需要考虑现有建筑物和新建筑的关系(图2-10),包括视觉层面的协调、尺度的匹配和功能的互补。合理利用现有建筑物和构筑物,可以创造出更具连贯性、和谐统一的建筑场地,并避免冲突和重复投资。同时,还需要留意现有建筑物和构筑物的维护状况,以确保设计方案的可行性和可持续性。

2. 现有绿化与植被

通过对场地现有植被的分析与评估,可以利用和保护已有的绿化资源,并在设计中融入合

图 2-10 华鑫中心（1）

适的植被元素，以创造宜人的环境和良好的生态条件。根据现有植被的类型、分布、成熟度以及生长条件，可以进行适当的保留、修剪和增添，以实现绿化效果的最大化。此外，还需考虑植被与建筑之间的关系，通过合理的布局和选择适应性强的植物，打造出与建筑风格相互呼应、富有景观魅力的绿色空间(图 2-11)。

图 2-11 华鑫中心（2）

3. 周围建筑与空间

通过分析和了解周边建筑的风格、尺度、功能和空间布局，可以更好地与周围环境进行协调和融合。在设计过程中，需要考虑周边建筑与空间的关系，以创造一个与周围环境和谐共生的建筑场地。同时，还需要留意周边的景观特征、开放空间、人行道、交通流线等要素，以确保建筑场地的可用性、便捷性和可持续性。

4. 历史沿革与文物古迹

地区的历史沿革与文物古迹是场地设计中不可忽视的重要因素。通过深入了解地区的历史发展和文化背景，识别文物古迹并评估文物古迹的价值，将其保护与利用融入设计过程中，可以在保留地区文化遗产的同时，为建筑场地增添独特的魅力和艺术价值。通过修复与改造文物古迹，将其融入整体规划与景观设计中，可以实现历史的传承与现代的发展。

2.2.2 工程准备条件

1. 现有房屋的拆迁

拆迁是清除原有建筑物，为新建设项目腾出空间的过程。这个阶段需要进行详细的调研和评估，确定需要拆除的房屋的数量、位置、结构和条件。在进行拆迁时，需要遵守相关法律法规，并与相关部门协调与合作，确保拆迁工作的合法性和顺利开展。同时，还需要考虑拆迁对周边环境和居民的影响，采取适当的措施进行环境保护和人员安置。通过妥善处理现有房屋的拆迁问题，可以为新建设项目的实施创造必要的空间和条件，并确保工程安全可行、进展顺利。

2. 场地的平整

场地平整是指对土地表面进行整理和调整，以使其适应建筑施工和后续使用的需要。这个过程涉及清理垃圾、平整土地、填补坑洼、修整地面等工作。通过场地的平整，可以为建筑物提供稳定的基础和施工条件，确保建筑物的安全性和稳定性。在进行场地平整时，需要考虑土地的承载能力、排水情况、地质条件等因素，并遵循相关的建筑规范和标准。此外，还需要注意环境保护和可持续性，应采取合适的措施来控制土地侵蚀、水土流失等问题。通过规范、合理的场地平整，可以为建筑场地创造一个均衡、平稳的基础，为后续的建设工作奠定良好的基础。

3. 不良条件的改造

不良条件包括土壤质量不佳、地下水位过高、污染物存在等。对这些不良条件进行改造是为了提供适合建筑施工和使用的环境。改造过程可能涉及土壤改良、地下水排除、地基处理、污染物处理等工作。采取合适的技术和措施，可以解决不良条件带来的问题，确保场地的安全性和稳定性。在进行不良条件改造时，需要进行详细的勘察和评估，了解具体问题的性质和范围，制定相应的改造方案。同时，需要遵循相关法律法规和环保要求，确保改造过程符合环境保护和可持续性发展的要求。

2.2.3 基础设施条件

1. 区域位置条件

区域位置条件在场地设计中至关重要。它包括场地的地理位置、与重要地点的距离、周边自然和人文环境，以及发展潜力的评估。分析这些因素能帮助设计师了解场地的优势和特色，制定科学合理的发展策略，确保设计的可达性、独特性和可持续性。

2. 市政设施条件

市政设施主要包括供水、供电、通信、排水、燃气、供暖等。市政设施与道路工程、场地平整统称为“三通一平”或“七通一平”。“三通一平”即水通、电通、路通和场地平整，是基本建设项目开工的前提条件。“七通一平”即通给水、通排水、通电、通信、通路、通燃气、通热力和场地平整。“七通一平”是指土地（生地）通过一级开发后，具备了供水、排水、供电、供暖、通信、道路畅通以及场地平整的条件，二级开发商进场后可以立刻进行开发建设。

2.3 场地的公共限制

对场地的公共限制是为了保证城市或区域的整体运营效益，协调场地与其他用地之间的环境关系和利益分配。

场地的公共限制主要来自于：国家与地方政府的法律、法规、规范、标准等；当地的规划要求和规划管理的规定；与场地有关的消防、人防、交通、市政等方面的规定；场地建设与使用的其他限制。

2.3.1 用地控制

场地范围内的建设用地受土地、建设、规划部门的控制和管理。其中，最基本的控制是对土地数量和使用性质的限定。

开发商获得土地的方式有行政划拨、土地出让、土地转让。土地的使用权有一定期限和使用限制。也就是说，获得土地的使用权并不意味着这些土地可以全部用于项目的开发和建设，用地边界要受到若干因素的限制。场地边界限制包括建设用地边界线、道路红线和建筑控制线。

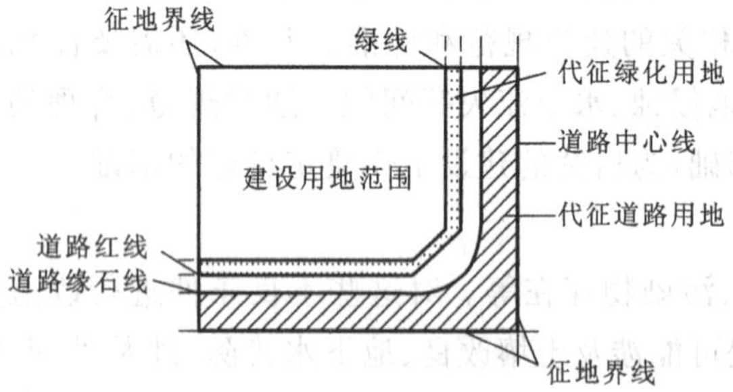

图 2-12 征地界线与建设用地范围

1. 建设用地边界线

建设用地边界线，又称征地线、土地产权线、地产线，是指业主获得使用权的土地边线(图 2-12)。建设用地边界线内有公共设施用地时，必须首先保证公共设施的使用。因此，建设用地边界线并不是对场地可建设使用范围的最后限定。

2. 道路红线

道路红线指规划的城市道路(含居住区级道路)用地的边界线。道路红线一般指道路用地的边界线。(图 2-13)

3. 建筑控制线

建筑控制线，又称建筑线、建筑红线，是建筑基底位置的控制线。

① 道路红线后退：由于城市规划的需要，建筑控制线相对道路红线后退，建筑控制线和道路红线之间的用地可以用于修建绿化设施、道路、停车场、广场、管线设施、公益性临时建筑。

② 契约限制：契约中规定的可使用范围的限制，包括建筑控制线后退的确定，后退后形成空地的使用。

③ 边界后退：考虑和相邻场地中邻近的建筑之间留出足够的防火间距、消防通道、日照间距，需要确定相应的建筑控制线，这叫边界后退。建筑控制线和用地边界线之间的用地也可以修建绿化设施、道路、停车场、广场等。

道路红线后退、契约限制和边界后退共同决定了建筑控制线的位置和作用，通过规定建筑与道路红线、契约限定范围和用地边界的合理距离，可确保建筑布局的合理性、安全性和合规性。

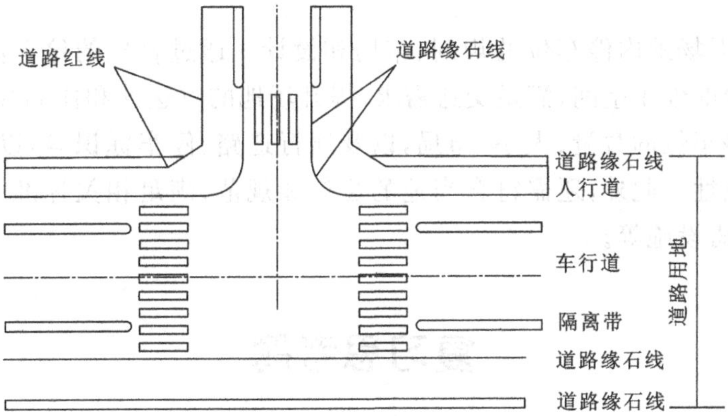

图 2-13 道路红线与城市道路用地

2.3.2 密度和容量控制

密度和容量指标可影响场地内土地使用的效益，也表示场地的空间状况和环境质量。

1. 建筑密度

建筑密度又称建筑覆盖率，是指场地内所有建筑基底的总面积占场地总面积的百分比。

2. 容积率

容积率是指场地内建筑总面积和用地总面积之比。

2.3.3 高度控制

在城市规划中，考虑到航空或通信设备的要求、城市形态的整体控制、土地的利用等因素，需对建筑物高度进行控制。

2.3.4 绿化控制

场地绿化用地面积的多少会影响场地空间状况，绿化植被的好坏决定了场地的环境质量。

1. 绿化覆盖率

绿化覆盖率是指场地内乔木、灌木和多年生草本植被所覆盖的面积占场地用地面积的百分比。乔木、灌木和草本植被重叠的部分不重复计算，不包括屋顶、晒台的人工绿化。

2. 绿化用地

绿化用地是指场地内相对独立完整、集中成片布置并专门用于绿化的用地，不包括宅旁(宅间)绿地，为满足日照、防火等要求而设置的绿地，以及建筑四周附属的零散、小块绿地。

3. 绿地率

绿地率是指场地内各类绿地面积的总和占场地用地面积的百分比。场地内的绿地包括绿化用地、宅旁绿地、防护绿地、道路绿地等，不包括屋顶、晒台的人工绿化。

2.3.5 其他控制指标

1. 建筑形态

建筑形态控制的内容包括建筑体量、艺术风格、群体组合、空间尺寸、建筑色彩、装饰小品等。

2. 停车泊位

停车泊位涉及对场地内停车位的规划、布局和设计。通过合理的停车泊位规划，可以为使用者提供充足、便捷的停车空间，满足交通需求，提升场地的可达性和便利性。在进行停车泊位设计时，需要考虑停车位的数量、大小、布局，以及通行道路、停车标识等，以确保停车泊位的安全性、流畅性和高效性。此外，还需符合当地的法规和规范，满足相关标准的要求，包括停车位的尺寸、斜坡、无障碍设施等。

复习思考题

1. 收集资料时对地形图的要求如下，其中错误的是（　　）。

A.比例尺为 1∶10000 或 1∶20000 的地理位置地形图

B.比例尺为 1∶5000 或 1∶10000，等高线间距为 1～5m 的区域位置地形图

C.比例尺为 1∶500、1∶1000 或 1∶2000，等高线间距为 0.25～1m 的厂址地形图

D.比例尺为 1∶500～1∶2000，包括铁路、道路、给排水、热力管线等的厂外工程地形图

2. 场地的“三通一平”的内容是（　　）。

A.水通、电通、路通、场地平整　　B.水通、暖通、煤气通、路平

C.电通、暖通、水通、路平　　D.电通、燃气通、水通、场地平整

3. 在基本建设项目的建设准备阶段，“七通一平”的场地条件一般是指（　　）

Ⅰ.道路；Ⅱ.车通；Ⅲ.热力；Ⅳ.供燃气；Ⅴ.给水；Ⅵ.排水；Ⅶ.电力；Ⅷ.电信；Ⅸ.场地平整

A. Ⅰ、Ⅱ、Ⅲ、Ⅴ、Ⅵ、Ⅶ、Ⅷ、Ⅸ　　B. Ⅱ、Ⅲ、Ⅳ、Ⅴ、Ⅵ、Ⅶ、Ⅷ、Ⅸ

C. Ⅰ、Ⅲ、Ⅳ、Ⅴ、Ⅵ、Ⅶ、Ⅷ、Ⅸ　　D. Ⅰ、Ⅱ、Ⅳ、Ⅴ、Ⅵ、Ⅶ、Ⅷ、Ⅸ

4. 关于道路红线与建筑控制线对场地的控制，以下（　　）是不正确的。

A.建筑控制线并不限制场地的使用范围，而是划定场地内可以建造建筑物的界线

B.建筑物的台阶、平台、窗井等建筑突出物不允许突入道路红线

C.建筑控制线与道路红线之间的用地，不允许土地持有者建造建筑物和道路、绿地、停车场等设施

D.属于公益上有需要的建筑和临时性建筑，经当地规划主管部门批准，可突入道路红线建造

5. 在城市一般建设地区，计入建筑控制高度的部分为（　　）

A.电梯机房　　B.烟囱　　C.水箱间　　D.主体建筑的女儿墙

参考答案

3 场地布局

学习目标和要求

1. 掌握场地布局的任务，分析影响场地布局的因素，识别并分析内因和外因，以及它们如何影响场地布局的决策。

2. 掌握场地布局的要素，了解场地分区的依据和方法。

3. 理解建筑与基地的关系，掌握建筑布局策略，学习单体建筑和群体建筑在场地中的布局方式。

4. 掌握场地交通组织策略，熟悉并应用相关的设计规范和标准，确保交通系统满足安全和功能性要求。

5. 了解绿地分布方式、基本形态，掌握场地绿地配置方法。

3.1 概 述

场地总体布局是建筑设计的主要工作内容之一，它为整个方案设计明确了指导思想和目标，为方案从构思创作到进一步深化设计提供了基本的框架，使建筑的内部功能与外部空间环境彼此协调、有机结合。

场地总体布局的任务是在前期调研和准备工作的基础上，针对需要解决的问题合理确定各项组成部分的空间位置关系和基本形态，并进行具体的场地总体布局设计。场地总体布局的工作重点是从整体、宏观的视角分析场地现状条件等关键问题，合理、有效地解决矛盾。场地总体布局的目的是充分、有效利用土地资源，使场地内各要素完备且有机结合，形成统一的整体，并与周围环境相协调，提高场地的利用率，从而使场地内的各种活动可以有序地开展。

影响场地布局的主要因素包括内因和外因两个方面，即项目要求、环境制约。在场地总体布局阶段，主要工作内容包括：分析项目的性质、特点和要求，明确场地的各项使用功能；分析场地本身及四周的设计条件，研究环境制约条件及可利用因素；确定场地组成内容之间的基本关系，进行场地分区；分析各项组成内容的布置要求，确定基本形态及组织关系，进行建筑布局、交通组织和绿地配置。（图 3-1）

3.2 场地使用分析

3.2.1 明确项目建设性质

在对场地作出规划、安排之前，首先要明确该项目的建设性质，这是场地使用分析的前提。项目的建设性质主要分为新建项目和改、扩建项目两大类。

1. 新建项目

新建项目场地的约束条件较少，设计条件多以自然条件为主，布局安排的灵活性较大，比如

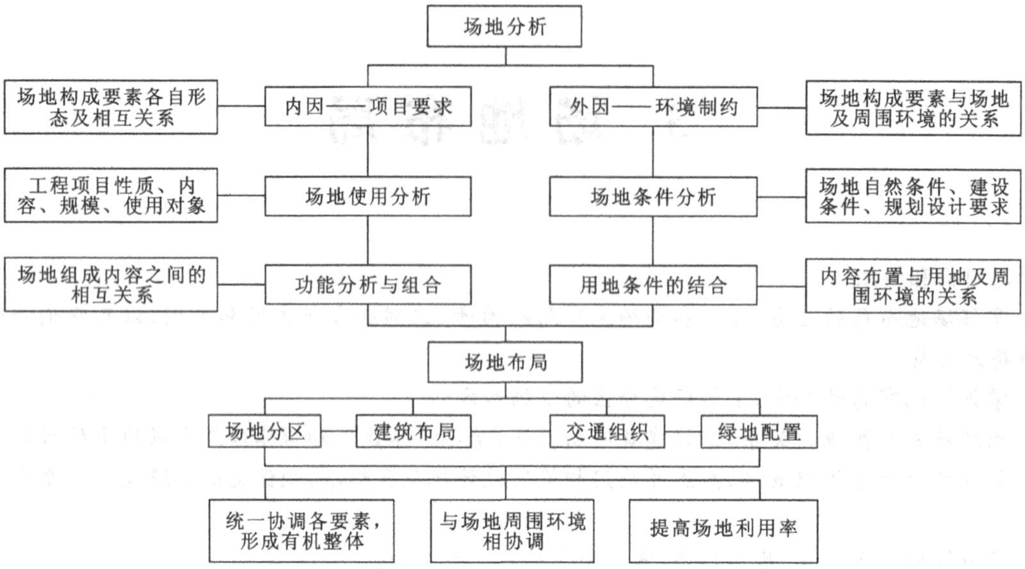

图 3-1　场地总体布局的任务和内容

建筑在场地中的位置可居中，也可偏于一侧；建筑本身的形态可选择集中、分散、规整、自由等多种形式；可按照较为理想的构思展开设计，可以从不同构思角度提出各具特色的设计方案，然后根据有关因素进行分析比选。

2. 改、扩建项目

改、扩建项目场地的现状和周边环境复杂，制约因素较多，设计条件多以建设条件为主。改、扩建项目一般分为两种：一种是在已有场地上加建增建、更新改造，另一种是续征土地，与原有场地毗邻或为其延伸。此类项目要求在场地已有建设现状的基础上，通过局部调整来完善整体布局。对于这类项目，往往需先明确原规划设计者的构思意图，或保留原有基本格局，锦上添花，或另辟蹊径，创造独具特色的形象。总之，布局安排要考虑原有规划、原有建筑与环境等，处理好新旧建筑之间的关系(包括功能和空间方面)以及道路、绿化景观的整体性，合理改、扩建。

3.2.2　场地使用功能分析

场地使用功能分析是对特定场地(如公园、体育场、商业区、学校操场等)的用途、需求和活动进行详细调查分析的过程，其要点包括项目类型、功能组成、使用者需求等。

1. 项目类型

分析场地的使用功能，并抓住可以反映场地性质与核心功能的主要建筑的功能特性，分析它的组织要求及其与其他内容之间的关系。项目类型的不同决定了项目设计要求、应遵守的规范规定等方面的差异，因此，不同的项目类型也对场地的功能组成和特征提出了要求。项目类型是在总体布局阶段确定场地基本功能和目标群体的根本依据。

2. 功能组成

工程项目的具体内容是场地总体布局的直接依据。其中，建筑的组成要素影响着建筑本身的布局、形态以及外部空间的形式与总体布局。同时，建筑的功能组成还影响着建筑外部空间的功能组成。例如，在人流量较大的建筑出入口前，应设置与之规模相匹配的集散广场来承载人流。

在进行场地总体布局设计时，要从项目自身特点出发，确定项目相关功能组成；不仅要考虑建筑物的功能组成，还要考虑建筑物以外具有直接使用功能或间接辅助功能的要素。

3. 使用者需求

项目建设的目的是满足使用者的需求。工程项目大多有明确的使用对象，并在场地的组成要素、功能组合和交通组织等方面呈现相应的特点。为此，需要了解使用者的人群构成，分析他们的行为模式和活动规律，根据使用对象的特点，在场地组成要素、功能组合和交通组织等方面有针对性地进行设计。

3.3 场地布局要素

3.3.1 场地分区

场地分区就是将建设用地分为若干区域，将场地包含的各项内容按照一定关系分成若干部分并组合到这些区域之中。分区时要考虑各区域之间的功能关系，使区域与区域之间形成有机整体。场地分区可以遵循两条基本思路：一是从内容组织的角度出发进行功能分区和组织，将性质相近、功能相近、联系密切的内容放置在同一区域；二是从基地利用角度出发进行用地划分，作为不同功能内容布置的用地依据（图 3-2）。

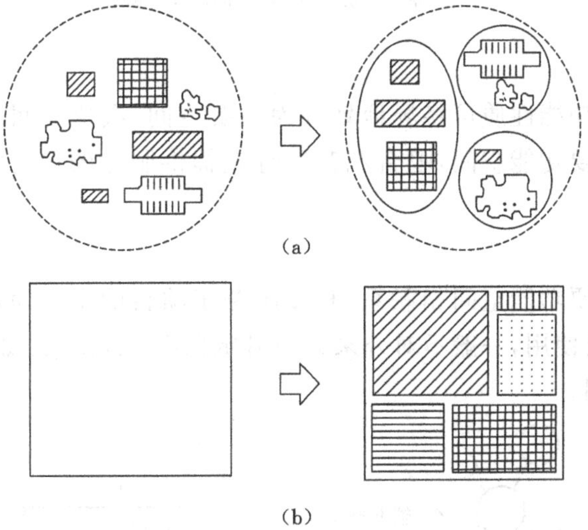

图 3-2 场地分区的基本思路

(a)内容组织；(b)基地利用

场地分区决定了场地组成内容的功能关系和空间位置关系，从而确定了场地布局的基本形态。

1. 分区依据

由于工程项目的性质不同、组成内容的复杂性不一，实际建设使用中又有不同特点和要求，因此，对内容进行分区组织，需针对不同情况采取不同思路。一般而言，场地分区的主要依据为功能特性、空间特性。

(1) 功能特性

功能特性是场地分区的最基本的依据。将性质相同、功能相近、联系密切、对环境要求相似和相互间干扰不大的内容进行归类、组合，便可形成若干个功能区。

(2) 空间特性

从空间特性入手，将性质相同或相近的空间整合在一起，将性质相异或相斥的空间进行妥善的隔离，使分区可沿多条线索进行。

① 空间的动与静

按照使用者活动的性质或状态可将场地划分为动区与静区，二者之间常常通过中性空间进行联系与过渡[图 3-3(a)]。如文化馆中，阅览、展览部分为静区，游艺、交流部分为动区，室外展场、绿化庭院为中性过渡空间。

② 空间的公与私

按照使用人数的多少或活动私密性要求可将场地划分为公共性空间和私密性空间，介于两者之间的则为半私密空间、半公共空间[图 3-3(b)]。如居住小区中，公共中心为公共性空间，组团绿地为半公共空间，宅前小院为相对私密性空间。

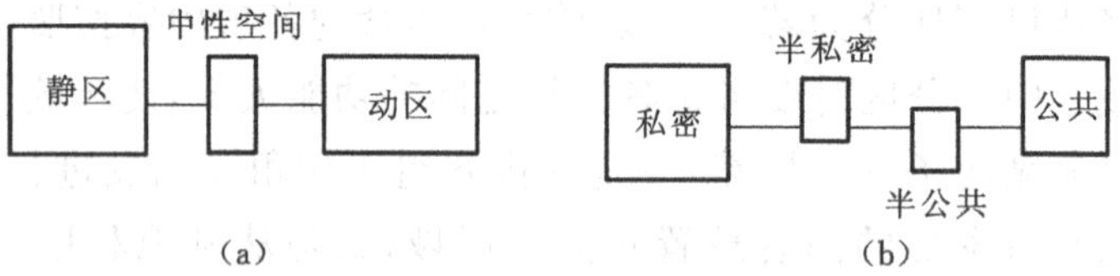

图 3-3 空间特性(一)

(a)空间的动与静；(b)空间的公与私

③ 空间的主与次

按照场地中项目的功能性质可将场地划分为主要空间、次要空间和辅助空间[图 3-4(a)]。如电影院的放映厅是主要功能空间，吧台和茶座等是提供服务的次要空间，配电间和机械设备用房等为辅助空间。

④ 空间的内与外

外部空间与场地主要功能空间相联系，直接服务于项目的主要使用对象；内部空间用于内部作业，主要供工作人员使用，一般不对外来人员开放[图 3-4(b)]。如展览馆的展厅属于外部空间，库房属于内部空间。

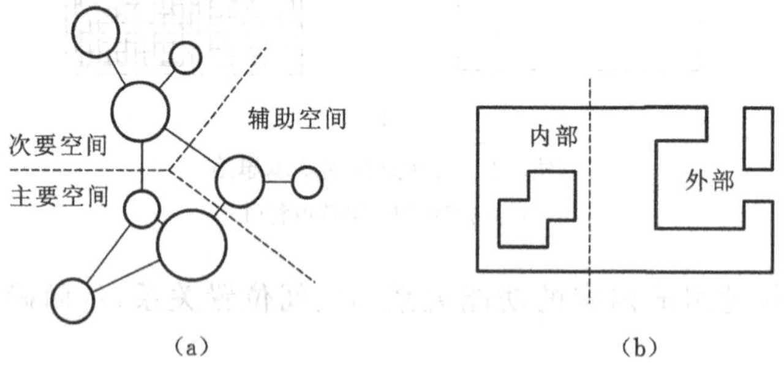

图 3-4 空间特性(二)

(a)空间的主与次；(b)空间的内与外

2. 划分方式

(1) 集中的方式

集中分区是指将用地划分为几大部分，性质相同或类似的尽量集中在一起布置，形成较为完整的地块，分区明确，各得其所(图 3-5)。分区时应尽可能简化分区，减少层次。这种方式适用于地块较小、项目内容较为单一、功能关系相对简单明确的用地。

集中分区的依据，一是性质，二是基地形状。性质上的集中是指将相同或类似性质的用地集中在一起，连成一片。形状上的集中是指根据基地的轮廓形式特征来划分地块，使每一区域都尽量完整，便于利用。

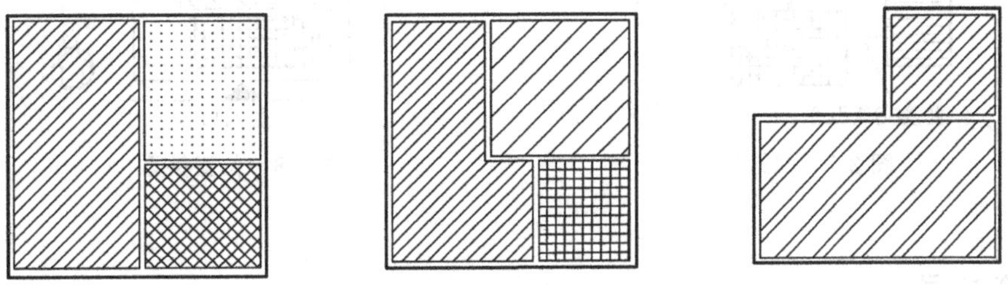

图 3-5　集中分区的方式

(2) 均衡的方式

对于项目用地面积大、用地宽松、项目内容多样复杂的场地，一般采取均衡的方式划分。用均衡的方式处理场地不是把用地平分成几大块，而是根据各区块功能，该大则大，该小则小，处理原则仍是满足功能需要。均衡分区主要有两种方式：一是先根据不同的性质将用地划分为几个相对集中的区域，使场地整体划分明确，然后进一步调整各区域之间用地面积的比例，并对各区域用地再次进行细分，从而通过间接的方式获得相应内容的均衡分布；二是直接将用地较均衡地细分为较小的区域，在满足自身要求的前提下将项目内容进行适当分解，然后组合到各区域中，使每个区域各有其用。(图 3-6)

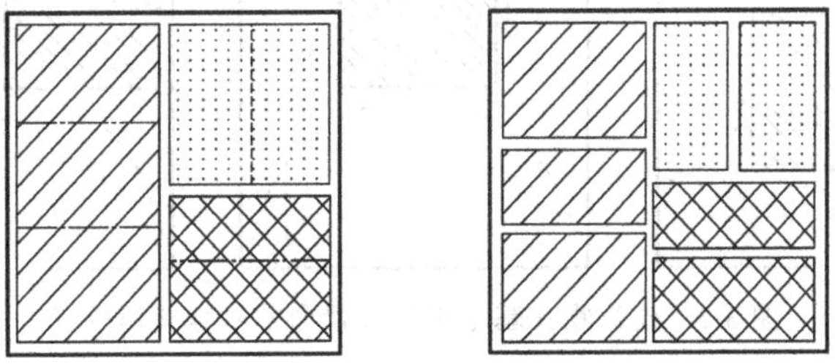

图 3-6　均衡分区的两种方式

3. 分区间相互关系

各分区之间的相互关系具体体现在两个方面，即联结关系和位置关系。

(1) 联结关系

联结关系是指各分区之间的交通、空间和视觉等方面的关联形式。其中，交通联系一般是最主要的，直接影响着功能的组织。各功能分区联结的具体方法是多种多样的，要结合用地条件、项目性质与规模予以确定(图 3-7)。

(2) 位置关系

结合基地条件，根据场地各分区功能的相对关系以及各分区在空间、景观、交通、公共与私密、动静关系等方面的要求，进一步考虑各分区的位置关系，即各分区之间是相互毗邻还是相互隔离，与场地外部的关系是直接的还是间接的，以及与场地出入口的关系等，具体表现为内与外、前与后、中心与边缘等位置关系(图 3-8)。

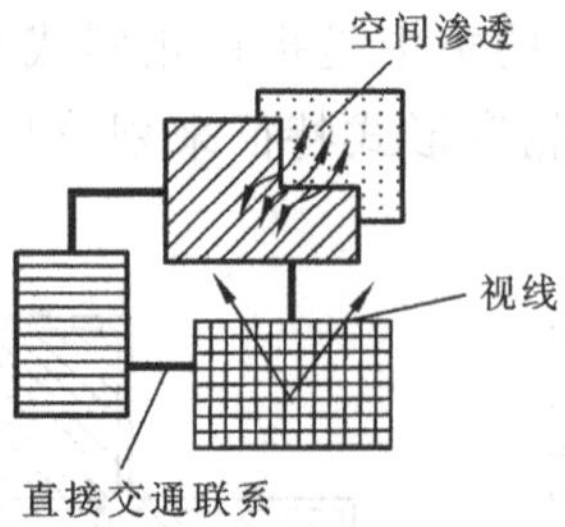

图 3-7　联结关系

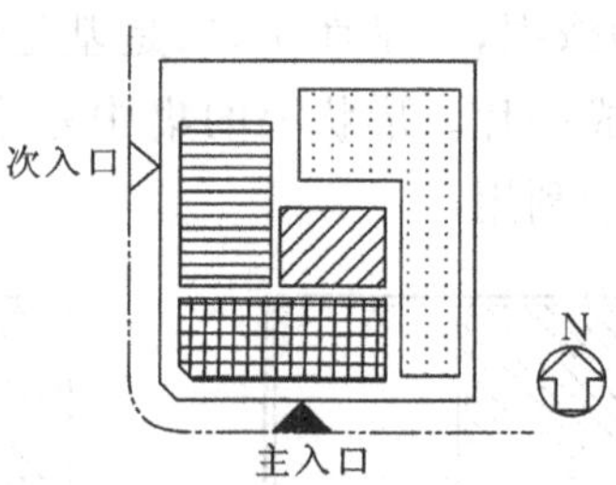

图 3-8　位置关系

3.3.2　建筑布局

建筑布局

1. 建筑与基地

(1) 建筑与基地利用

建筑与基地之间的关系主要体现在建筑物在基地中的位置与基地使用模式之间的关系上。建筑物的位置一旦确定，那么基地的使用模式也就基本确定了。建筑物在基地中位置的不同，会导致基地使用模式的不同(图 3-9)。同时，场地布局又与建筑物的占地规模和场地大小密切相关，这二者的比例关系可分为悬殊、适中与相近三种基本情形，当二者的比例关系不同时，建筑物在基地中的位置也会有所不同(图 3-10)。

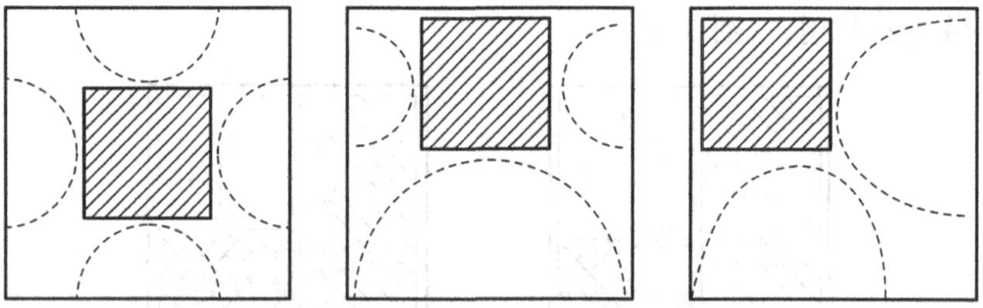
图 3-9　建筑物在基地中的位置影响基地使用模式

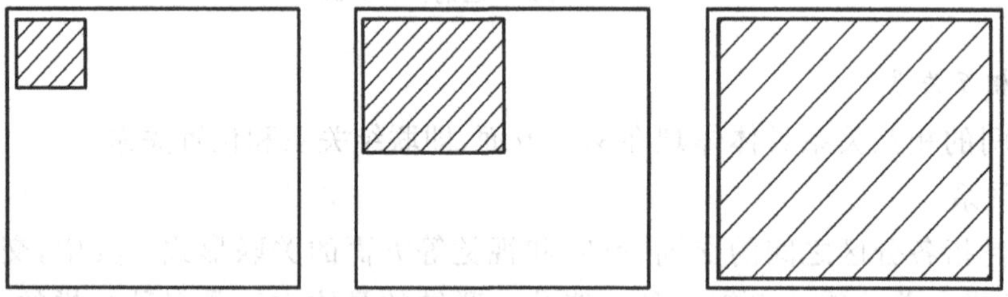
图 3-10　用地规模与建筑物占地规模的三种比例关系

① 比例悬殊

这是基地的总用地规模远大于建筑物占地规模的情形。由于用地富余，场地布局有着宽松的基础条件。虽然用地充足，使设计者在布局时有了更多的选择余地，但这时建筑物位置的安排存在明显的优劣之分，如果位置选择不当，可能会造成用地浪费，形成大而空的局面。因此，在这种情况下，应注意建筑物对基地的组织和控制作用。应尽量在基地内适中的位置布置建筑物，使建筑物与基地各部分都能有比较直接的关联。加上场地中其他内容的适当组织，就容易形成整体式的场地布局形态；建筑物作为场地中的核心要素，就能够真正起到聚集作用(图 3-11)。

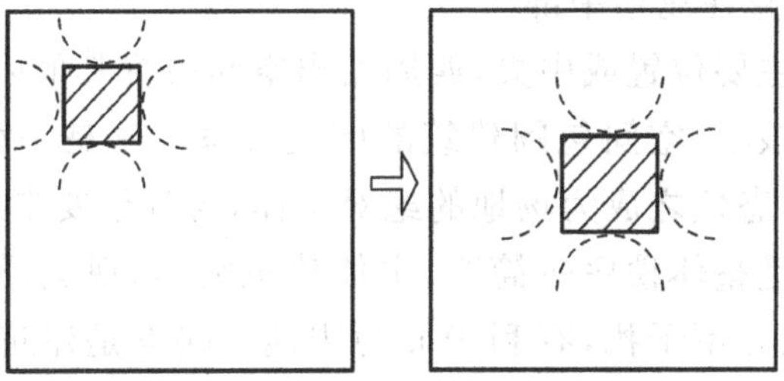

图 3-11 比例悬殊时建筑物布置方式

② 比例适中

用地规模与建筑物占地规模适当时，建筑物布局组织的自由度应该是最大的。这时，建筑物在场地中的布置有多种形式可以选择，既可以布置在中央地带，也可以布置在某一侧，还可以布置在角落，可视建筑物的组织要求、其他相关内容的组织要求以及设计者的构想意图而确定（图 3-12）。

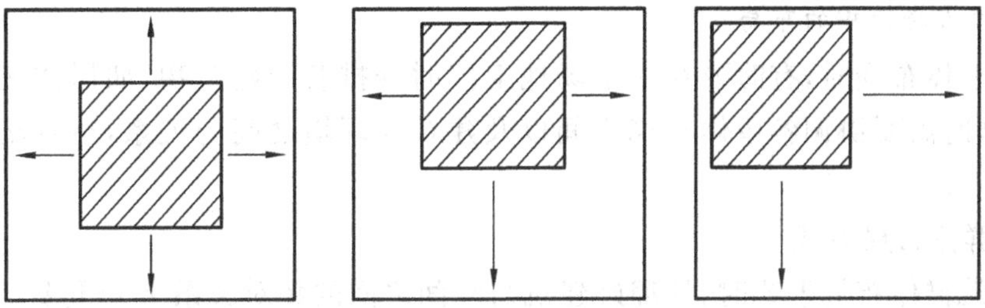

图 3-12 比例适中时建筑物布置方式

③ 比例相近

建筑物占地规模与总用地规模相近时，用地比较紧张，场地中的交通流线与绿化问题比较严峻。一般来说，在这种情况下，会尽量靠近某一侧边角布置建筑物，以使剩余的用地能够集中起来形成一定规模，为其他内容的使用创造条件，避免用地浪费（图 3-13）。

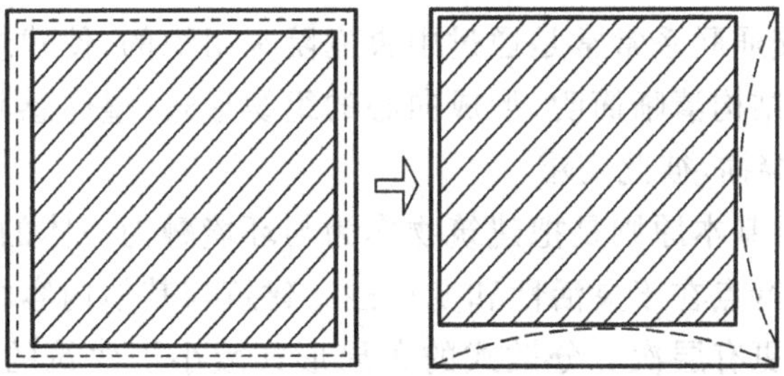

图 3-13 比例相近时建筑物布置方式

(2) 建筑与基地形态

一般情况下，建筑布局需要结合地形，建筑平面形状应与用地形状相呼应。即建筑平面轮廓、走向与用地边界应形成一定的空间关系，保证场地空间和谐完整，避免剩余的地块像“下脚料”一样残缺不全。

2. 单体建筑在场地中的布局

如上文所述，一般先根据建筑自身要求或设计者的设计意图，结合用地条件来确定建筑物在基地中的位置。对于新建项目，通常有两种布置方式。

（1）以建筑为核心，布置在场地中部

将建筑安排在场地的主要位置或中央，四周留出空间布置其他内容（如庭院、绿化、交通、集散地等），形成以建筑物为核心、空间包围建筑的图底关系。这是一种突出建筑、以环境为陪衬的形式，建筑物的位置和形态使之成为场地的绝对主体，与其他要素之间形成明确的主从关系。

这种布置形式的特点是整体秩序较简明，主体建筑突出，视觉形象好，其他各区域大体相当、关系均衡，且相对独立、互不干扰，有利于节约用地。缺点是建筑形象单一，缺乏层次变化，与周围空间关系较为单一。

（2）将建筑布置在场地边侧或一角

位于市区的单体建筑项目，建筑占地规模往往与总用地规模相近，紧张的用地造成布局的自由度很小，这时应充分考虑其他内容的用地要求。为节约用地，主体建筑物往往选择比较规整集中的形式，并尽量靠近场地边侧布置，使剩余用地相对集中，便于安排场地内的其他内容。如果将建筑布置在场地中央，会将剩余用地分割成零散的几个小条块，其中每一部分会因面积局促及比例不当而难以利用，造成用地浪费，同时也给其他内容的安排带来困难。

3. 群体建筑在场地中的布局

进行场地总体布局时，有时要在一个场地上同时安排若干建筑物，如居住区、大学校园、商业建筑群等，这时需要协调各单体建筑之间以及建筑与环境之间的关系，达到场地中建筑群体空间的整体统一。

（1）建筑群体布局方式

在研究建筑群体布局形式时，处理好建筑与空间之间的相对关系十分重要。建筑群体在场地中的基本布局形式有两种。

① 以空间为核心，建筑围合空间

在这种布局形式中，组织核心不是建筑，而是场地中的其他内容，如庭院、广场、绿化等，建筑物环绕在它们的周围。这种布局形式体现了对场地中各组成要素的平衡与协调关系的重视，而不是单纯强调建筑物。

这种布局形式的特点是中央围合的庭院或广场空间在场地的功能组织中起着重要作用。建筑群体各部分之间的交通联系常常是通过中央庭院来组织的，使建筑与空间形成更紧密的联系；场地总体布局的秩序结构清晰简明，形成向心的组织形式，整体感和空间围合感较强。

② 建筑与空间相互穿插，彼此交错

这种布局形式遵循的基本原则是把建筑物作为与环境融为一体的一个部分来处理，强调建筑物与场地的协调，最大特点在于灵活性和变化性。建筑与其他内容结合得更为紧密、具体，场地的空间构成更为丰富、更有层次。分散式的布局形式减小了建筑的体量感，使之易于与周围环境融合；缺点是可能会导致流线较长，从而使各部分联系相对困难。另外，设计时需避免因过多变化而削弱了统一性。

（2）建筑群体组合

① 居住建筑的群体组合

a. 周边式

即建筑沿地段周边布置，中间围合成较为封闭的内向型庭院（图 3-14）。这种布置形式可节约用地，居住面积相对较大，围合内院较安静，给人以安全感，便于邻里交往；但部分户型朝向差、通风不良，转角单元不利于抗震设防，也难以适应地形变化，比较适合寒冷、多风沙以及平整地段，不适用于湿热地区。

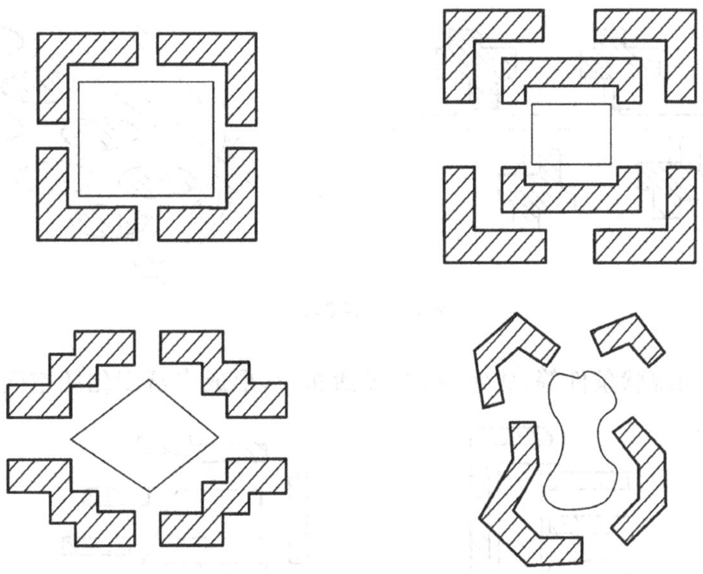

图 3-14 周边式布置

b. 行列式

即各幢建筑以一定间距互相平行布置，有规律地整齐排列(图 3-15)。因其有利于获得良好的日照和通风条件，对于地形有较强适应性，故而被广泛运用。其缺点是容易受到穿越交通的干扰，群体空间较为单调呆板，可识别性较差。

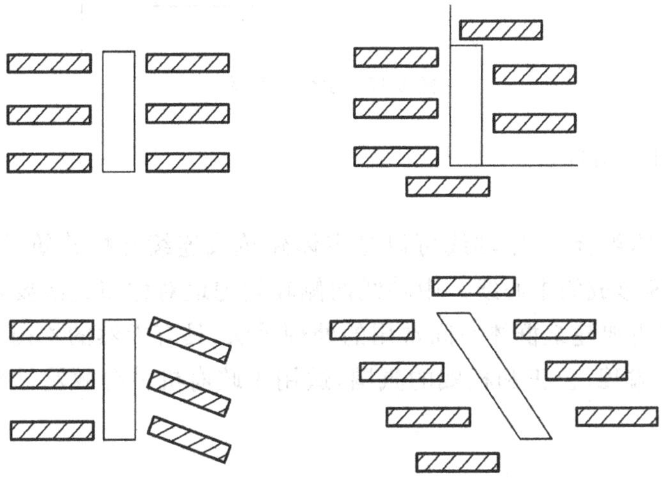

图 3-15 行列式布置

c. 点群式

即形态独立的建筑呈散点状布置(图 3-16)。其多用于低层独立住宅、多层点式或高层塔式住宅中，围绕组团绿地或结合底层公建裙房沿道路、河岸成组布置，自由灵活。这种布置形式有利于获得良好的日照、通风，且机动灵活的形式能适应不规则的场地形状和起伏变化的地形条件，可形成虚实对比、错落有致的空间景观。

d. 混合式

在完整的居住小区规划布局中，一般很少选择单一的布置形式，而往往汲取以上各种基本形式的优点，避免其缺点，将几种形式变形组合，进行综合运用。设计时可充分结合场地的地

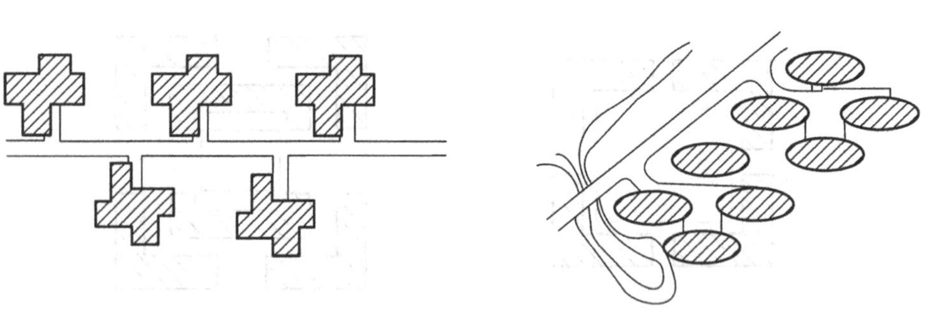

图 3-16 点群式布置

形、气候、景观朝向和现状条件等，成组成群、灵活布置，形成丰富变化的空间形态(图 3-17)。

图 3-17 混合式布置

② 公共建筑的群体组合

a. 对称式

在对称式建筑群体组合中，中轴线可以是主体建筑或连续几幢建筑的中心线，也可以是道路、绿化或环境小品等形成的中心线。中轴线两侧较均匀地对称布置次要建筑及各种环境设施(图 3-18)。对称式是古典建筑群体空间常用的处理手法，具有天然的均衡、稳定、统一和有序的特点，易于营造庄严、肃穆、公正和权威的氛围，适用于政府机关等政治性建筑及纪念性建筑群体的布置。

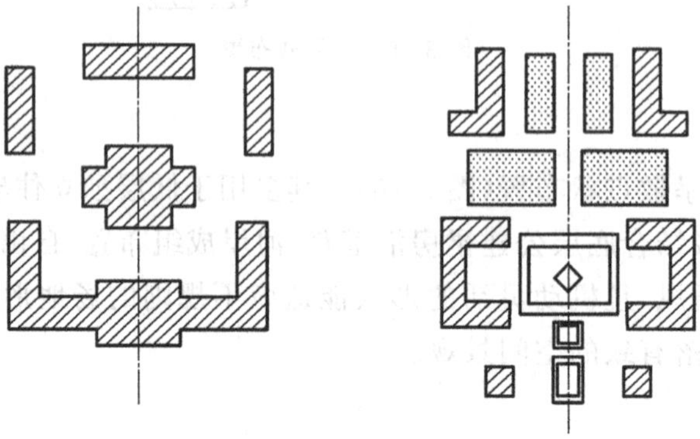

图 3-18 对称式建筑群体组合的两种形式

b. 自由式

自由式也称非对称式，其建筑物的位置、朝向较灵活，形式变化多样，特征鲜明，较易营造亲切、轻松和活泼的氛围。自由式在功能和地形两方面的适应性上，都要比对称式优越，因而被广泛采用。这种形式有利于按照建筑物的功能特点及相互联系来考虑布局，也可以与变化多样的地形环境产生有机联系。特别是在用地形状不规则或地形有起伏变化的条件下，更能发挥其优势，使建筑与环境融为一体。

c. 庭院式

庭院式空间组合是由建筑围合成一座院落或层层院落的形式。由一座庭院可沿纵深、横向或对角方向延伸，形成多个大小、比例不同的庭院组合，既可采用对称式布局，也可用非对称式布局，灵活的错接可适应场地形状的曲折或地形的起伏。由于内外空间及各庭院之间相互渗透、相互衬托，因而形成较丰富的空间层次。

d. 综合式

对于项目内容差异较大、建筑功能较复杂或地形变化不规则的场地，单纯用一种组合方式往往难以解决问题，需同时采取多种方式综合处理。比如可以采用对称式和自由式相结合的布局形式，对于功能要求较严格的部分，采用自由、灵活的自由式布局；对于功能要求不甚严格的部分，则可采用对称式布局。这样不仅可以分别适应各自的功能特点，同时也可借助两种形式的对比来形成空间气氛的变化。比较常见的是，建筑群入口部分采用对称式布局，以形成严整的气氛，而其他部分则结合功能和用地特点，采用自由式以取得灵活和变化的效果。

(3) 布局组合原则与手法

群体由部分构成，其中各部分之间的差异反应多样性与变化；各部分之间的联系反应和谐和秩序。若无法妥善处理变化与秩序，势必显得杂乱。为保证整体空间和谐统一，进行群体组合时需要运用建筑构图的基本原理，使平面布局具有条理性与秩序性。

① 主从原则

在建筑群体中，组成整体的各要素必须主次分明；主体部分体量大，地位突出，其他部分则环绕主体四周布置或依附于主体。在场地布局中，可利用某一构成要素在功能、形态、位置上的优势，将其作为重点加以突出，形成视觉中心，控制整个空间，从而使其他部分明显处于从属地位，以达到主次分明、完整统一的效果。

② 秩序构建

明确主从关系后，还需使其有机结合，联结成一个整体。所谓“有机结合”，是指要素之间相互制约、相互依赖，从而形成一种凸显秩序感的整体结构。

因建筑受到地形和环境的制约，顺应地形变化来布置建筑，就会使建筑与地形之间产生内在联系，从而使建筑与环境融为一体，由此获得整体统一性。从构图的角度出发，群体组合中秩序性的建立主要有以下三种途径。

a. 轴线

轴线是空间组织中的一种线性关系构件，具有串联、控制、统辖、组织建筑和暗示、引导空间的作用，建筑或其他环境要素可沿轴线布置，也可在其两侧布置。其中，轴线的形式又分为中轴线、轴线的转折与交叉，以及多条轴线的组合与整合。一条轴线的终止要素可作为视觉延伸的出发点或者接收点(图 3-19)。

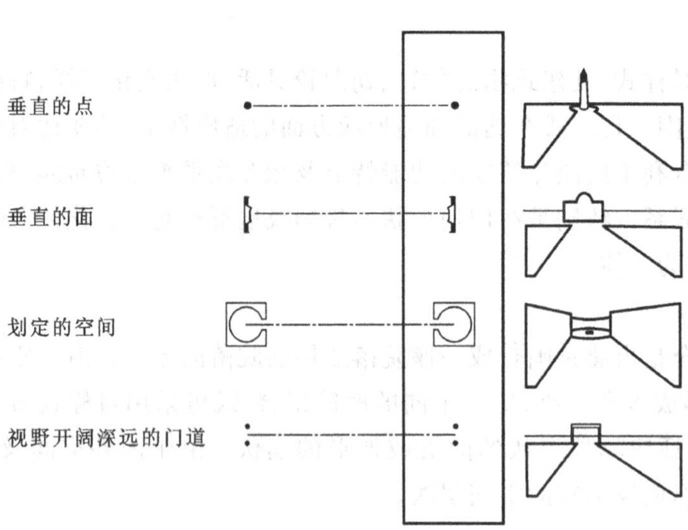

图 3-19 轴线的终止要素

b. 向心

群体组合时，如果围绕某个中心布置建筑物，并借建筑物的形体而形成一个向心空间，那么中心周围的建筑会由此呈现出一种收敛、内聚和互相吸引的关系。我国传统的四合院以内院为中心，建筑沿其周边布置，且所有建筑都面向内院，形成一种向心的吸引力。这是典型的利用向心作用来达到统一的一种组合方式。

c. 对位

相邻单体建筑的位置之间存在着一定的几何关系，可以增强建筑物彼此之间的联系，使之相互照应。建筑与建筑之间呈平行或垂直关系是一种最简单的情况。在建筑组合中运用“心理导线”（即设想将建筑物的边线向外延伸，使其与邻近建筑的边线相重合），使各单体建筑之间彼此相关或相互搭接，可形成稳定完整的空间（图 3-20）。

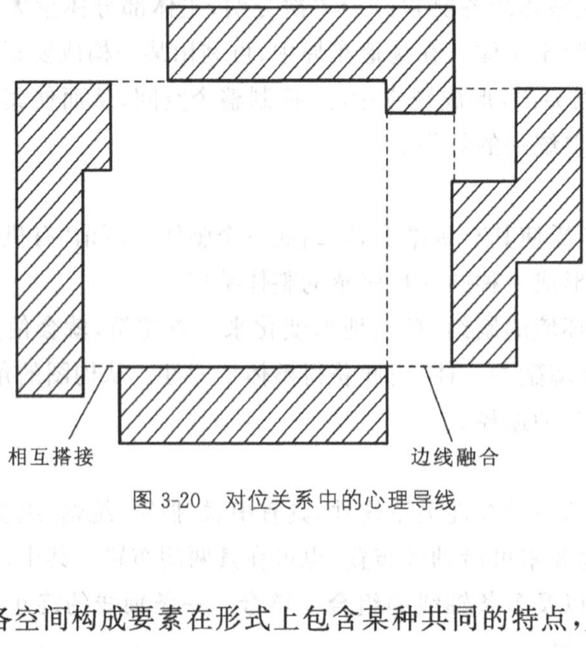

图 3-20 对位关系中的心理导线

③ 统一手法

在群体组合中，若各空间构成要素在形式上包含某种共同的特点，则有助于建立和谐的秩序。这种特点越突出，各组成要素之间的共同性就越明显，群体的整体统一感也越强烈。

a. 母题

各单体建筑采用共同的基本型作为母题进行排列组合，可实现相互间的协调统一。

b. 重复与渐变

同一形体或要素按照一定规律重复出现，或以类似的布局方式处理空间构成要素，或将该要素作连续、近似变化，即相近形象有秩序地排列，则能以其类似性和连续性的构图特点，呈现出韵律与节奏的和谐之美。

④ 对比手法

对比即通过彼此之间的烘托、陪衬来突出各要素的特点。对比手法运用得当，可以达到既丰富又和谐、既多样又统一的效果。常见的对比包括：大与小、曲与直、高与低、长与短、虚与实、疏与密、简单与复杂、开敞与封闭、内向与外向，以及色彩的冷与暖、明与暗等。

a. 形体组合中的对比

建筑形体组合中的对比主要体现在方向性和形态两个方面。方向性的对比指通过长、宽、高比例关系的变化，形成水平、竖直、纵深三个方向的对比与变化。

相较于方向性的对比，形态对比更加吸引人注意。但特殊的形体源于特殊形态的内部空间，采用这种对比手法要以功能合理性为前提。此外，需更加注意各形体之间的内在关联，否则会因相互之间的关系不协调而破坏整体的统一。

b. 空间组合中的对比

空间对比的手法在中国古典建筑中运用得最为普遍。例如北海静心斋(图 3-21)，园内各空间不仅大小、形状、开敞与封闭的程度不同，而且气氛上也各有特色，有的严谨整齐，有的自然曲折。当这些对比强烈的空间组合在一起时，整体效果十分明显。

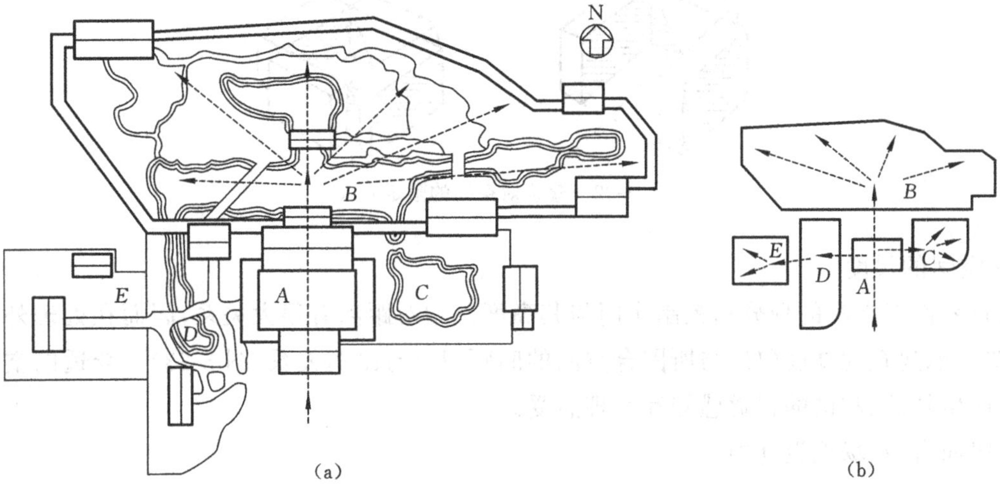

图 3-21 北海静心斋平面布局和空间图解

(a)平面布局；(b)空间图解

除园林建筑外，一般的宫殿、寺院、陵墓等建筑群，由于气氛上要求庄严、肃穆，多采用对称式布局，同时多用空间对比的手法来打破可能出现的单调感。

4. 外部空间处理

场地中的建筑物与其外部空间呈现一种相互依存、虚实互补的关系。场地的外部空间主要是借助建筑形体形成的，建筑布局的过程也是塑造外部空间的过程。要想获得满意的外部空间，需从建筑形体组合入手。这是在场地总体布局阶段、建筑空间组织过程中，考虑外部空间处理的出发点。

(1) 建筑对外部空间的限定

进行建筑布局时，待建筑形体基本确定后，可通过分析其所限定的外部空间是否与设计意图相符，从而对平面布置进行修改、调整；也可在平面布置过程中，根据所需获得的空间效果来确定建筑的基本形体关系。

空间的开敞与封闭受限于人的视觉感知和心理感受。在很多情况下，为了避免外部空间成为无方向性发散的消极空间，需考虑适当地增强其封闭性。空间的封闭性对空间的使用极为重要，它可以使空间具有较好的内聚性和私密性，形成领域感和安全感，成为促进人们交往的积极空间。而封闭性弱的空间，则表现出更多的扩张性和外部性，具有较强的流动感和开放性。

① 限定方式

建筑对空间的限定方式主要是由各体部垂直界面之间的相对位置关系和高度等因素决定的，并对空间氛围的形成有不同影响(图 3-22)。

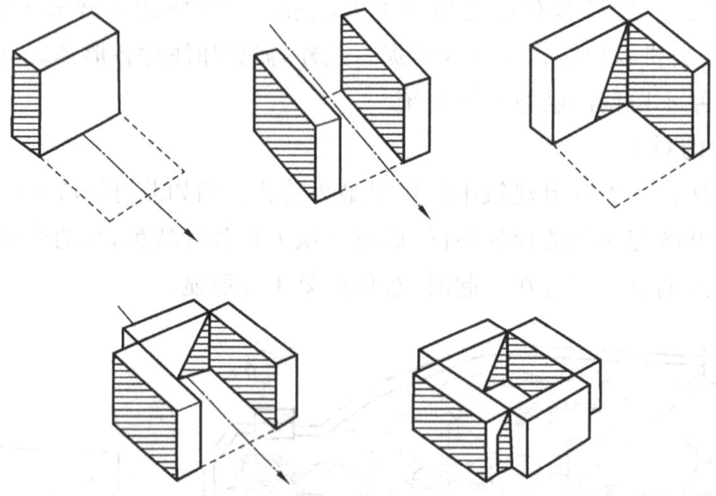

图 3-22 建筑对空间的限定方式

② 空间的尺度

垂直界面对空间的划分和控制作用与其高度及相对距离有很大关系，因而在处理外部空间时，还要考虑建筑的高度(H)与所围合空间的间距(D)的比例关系(图 3-23)。合适的空间尺度会使人产生舒适、和谐的视觉感知和心理感受。

一般而言，在场地设计中：

当 $D/H=1$、2、3 时的情况是最为广泛的。

当 $1<D/H<2$ 时，空间平衡，是最紧凑的尺寸。

当 $D/H=2$ 时，中心垂直视角 45°可观察到界面全貌，视线仍集中于界面细部，具有较好的封闭感。

当 $D/H=4$ 时，中心垂直视角 27°是观察完整界面的最佳位置，为空间形成封闭感的上限。故欲在庭院或广场空间中形成围合感，其空间 D/H 不宜大于 4。

当 $D/H>4$ 时，两界面相互间的影响已经非常弱了，适宜在二者之间加上走廊等连接体。

可见，空间的封闭程度不但取决于围合形式，还取决于建筑的高度与所围合空间的间距的

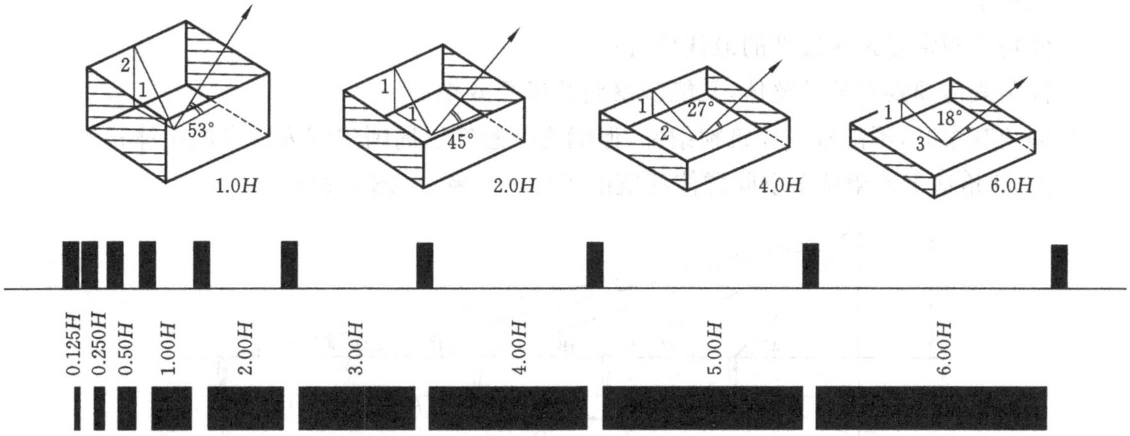

图 3-23 垂直界面高度与间距的关系

比例关系。相距越近、高度越大的建筑所围合的空间封闭性越强，反之越弱。采用合院模式设计现代多层建筑时，尤其要推敲围合庭院的尺度与建筑高度之间的关系，避免因空间狭小而形成“井底之蛙”的闭塞感，或因尺度过大而达不到预期的亲切感。

(2) 外部空间的视觉分析

建筑对外部空间的围合，使之在空间的三个向度上有不同尺度和比例关系，直接影响人对空间的感知。视觉是人对外部环境感知的重要方式，可以从视觉角度对空间构图进行分析，研究场地中建筑物的距离、高度、体量及道路、广场、庭院的适宜比例关系。

① 视距

外部空间给人的视觉感知直接受到距离的限制。运用视觉的距离特性，一方面可以合理安排外部空间中人的活动，并划分相应空间；另一方面可将空间中的视觉对象组织为近景、中景、远景等多个空间层次，加强空间景深感，并突出空间的景观主题。

例如，设置广场空间的景区时：

6m 左右可看清花瓣，20～25m 可看清人的面部表情，这一范围通常组织为近景，作为框景、导景，增加广场景深层次；

中景为 70～100m，可看清人体活动，一般为主景，要求能看清建筑全貌；

远景为 150～200m，可看清建筑群体与大轮廓，作为背景起到衬托作用。

供人们休闲、交往的文化性广场，其尺度是由共享功能、视觉要求和心理因素综合决定的，其长、宽一般应控制在 20～30m 较为适合。

在居住建筑或一般公共建筑场地中，尤其应注意其中的广场尺度有别于城市广场，大而空的广场往往难以形成一个可感知的有形空间，也难以给人适宜休闲、交往的亲切感。

② 视野

在场地总体布局时，对于主要建筑物的尺度和位置的确定，应充分考虑人眼观看景物时有一定舒适感的角度范围，以满足人们观赏活动的视觉要求，增强建筑艺术的空间效果。人眼的视野呈锥状，水平方向较宽，垂直方向较窄。人能较好地观赏景物的最佳水平视野范围在 60°以内，观赏建筑的最短距离应等于建筑物的宽度，相应的最佳视区是 54°左右，大于 54°便进入细部审视区。有的建筑物因面宽太大、视距太短，可能无法找到小于 54°的中景视点，因此，在正面无法观赏到完美的整体视觉形象。

实验证明：

45°仰角是观赏建筑物细部的最佳位置；

27°仰角既能观察对象的整体，又能观察到其细部效果；

18°仰角观察时，不能看到建筑物细部，但能充分感知以周围建筑为背景的主体；

11°20′仰角适于远望城市空间群体建筑的天际线轮廓。（图 3-24）

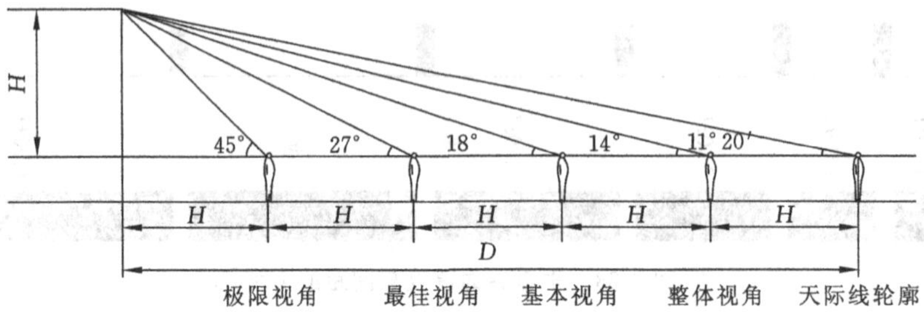

图 3-24　观赏建筑物的仰角控制

(3) 外部空间的组织

① 空间的引导和暗示

在外部空间组织中，可以一开始就让人看到全貌，给人留下深刻的印象或标志性记忆；也可以不使人看到全貌，逐步展示空间，给人以期待。在设计实践中，后者更为常见。一方面，受功能、地形或其他条件的限制，某些比较重要的活动空间的位置可能不够明显、突出，往往不易被人发现；另一方面，为避免开门见山、一览无余，设计者往往采取含蓄的手法，有意把某些“趣味中心”置于比较隐蔽的地方。无论是哪种情况，都需要进行一定的空间处理，对人的视线、行为加以引导或暗示，使人沿着一定的方向或路线前进，从而达到预期的目标。（图 3-25）

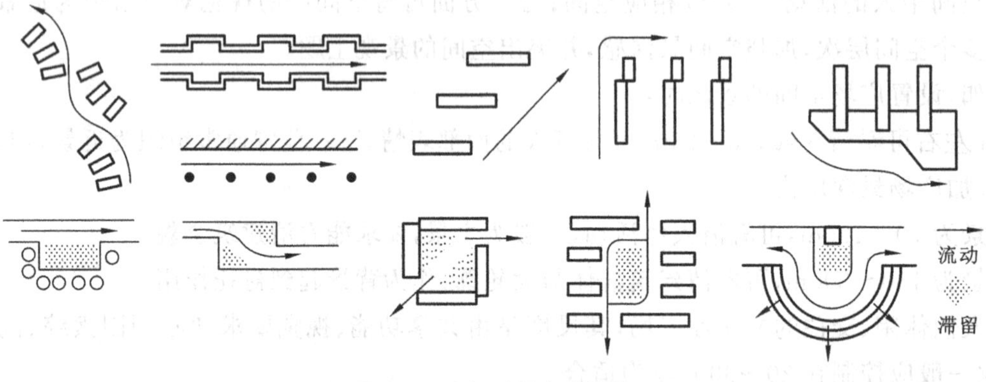

图 3-25　空间对行为的诱导

转折空间具有极强的诱导作用，它巧妙利用了人对远处景物所产生的好奇、期待心理。在空间性移动过程中，景物和视觉焦点不断变化，会不断激起人的兴趣(图 3-26)。

② 空间的渗透和层次

空间的渗透是指通过对两个或多个空间采取一定的处理手法来模糊其局部的空间分隔界定，以期使相邻空间产生视觉上的联系，形成空间层次。

建筑、道路、绿化和小品等元素在空间中延续、交错，可形成空间的直接渗透效果。“借景”手法可以加强空间渗透、丰富空间层次和扩大空间外延，这是一种视觉上的渗透，即以通透的视觉为媒介，形成邻近空间景观对本处空间的渗透。

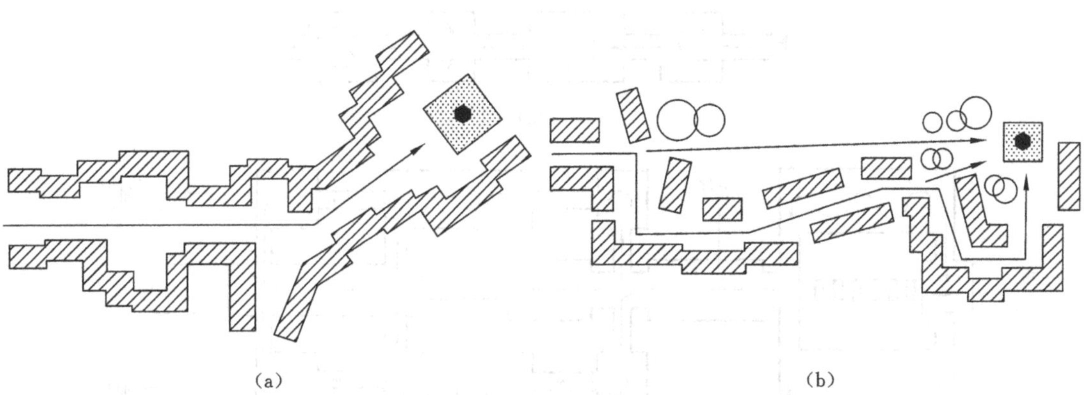

图 3-26 空间转折

(a)目标突然显现;(b)目标不断地被瞥见

③ 空间的序列组织

空间的各个层次是以相互邻接的形式存在的,而时间是以前后相随的形式存在的。人在空间中处于一种时间连续的运动状态,表现出一定的顺序性和连续性。所谓序列,是指时空运动中所体现的顺序和连续性的特性。外部空间的序列组织,是指空间之间连接的秩序,是综合运用空间的对比与变化、渗透与层次等多种处理手法,以人的视觉、心理变化为依据,将多个性质、大小、形状和质感不同的空间进行有序的组合。由于考虑的是人连续行进过程中建筑群体的空间组织问题,因此空间组织关系到场地建筑群体的布局。

在建筑空间组合中,常见的序列有以下三种:

一是功能序列,即从一种功能到另一种功能的空间过渡,反映的是各种建筑功能的先后使用顺序,是建筑功能组合中要考虑的首要问题;

二是空间序列,即从一种性质的空间向另一种性质的空间过渡,比如从外向开敞空间过渡到内向封闭空间;

三是情感序列,即有意识地利用一些情感因素,按人的行进顺序进行环境气氛的渲染,通过空间转换来调动人的情感。伴随空间序列会相应地产生一种情感序列。

随着空间序列的变化,情感序列大体上有以下四种:

第一,空间开始——收心定情,即通过对入口处发端(起景)的处理,使人调整原来的初始心态并进入设定的情境,将心理指向投射到对后序空间的期待和渴望。

第二,空间延续——情感酝酿,即利用一些诱导性、延续性的景物来增加层次性和递变性的心理运动,进行情绪的濡染,不断深化审美情境。

第三,空间主体——高潮迭起,使人在期待和寻觅中突然发现所追寻的目标而豁然开朗,精神为之一振。

第四,空间收尾——形断意连,使人回味无穷,景断而意不尽。

在空间序列组织中,结合功能、地形和人流活动,可将建筑物、庭院、道路与广场等配置成轴线关系,使活动人流可以看到一系列连续的视觉形象。由于轴线可直可曲,有主有次,因而形成的序列空间也有简单与复杂、平直和迂回之别:沿着一条轴线向纵深方向逐一展开,可形成平直序列;沿纵向主轴线和横向副轴线作纵、横向展开,可形成复杂序列;沿轴线作迂回、循环式的展开,则形成迂回序列。(图 3-27)

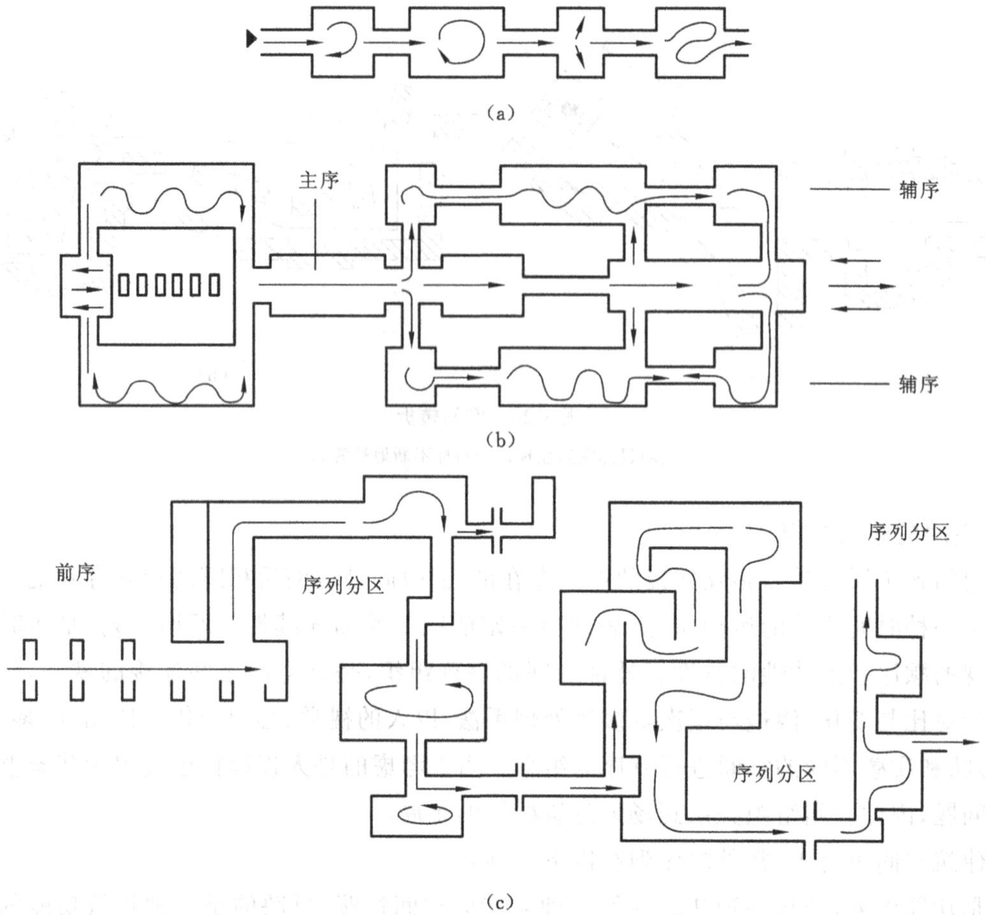

图 3-27 空间的序列组织

(a)平直序列;(b)复杂序列;(c)迂回序列

3.3.3 场地交通组织

1. 概述

场地交通组织及道路布局是场地总体布局的重要内容之一，是保证场地设计方案经济合理的重要环节。其目的在于满足场地内各种功能活动的交通要求，在场地分区之间以及场地与外部环境之间建立合理有效的交通联系，为场地总体布局提供良好的内外交通条件，实现预定的场地设计方案。

2. 场地出入口设置

(1) 数量

一般而言，场地宜分设主、次出入口。主出入口解决主要人流出入问题，便于与主体建筑联系。次出入口作为后勤服务出入口，与辅助用房相联系。对于交通量不大的小场地，一般设置一个出入口便可满足交通需要。

(2) 位置

场地出入口位置主要根据用地分区及相邻城市道路情况而定，应注意尽量减少对城市主干道交通的干扰。一般而言，当场地毗邻城市主干道和次干道(或支路)时，主出入口设在主干道上，次出入口设在次干道上，并应优先选择次干道一侧作为机动车主要出入口。当场地仅与一条城市道路邻接时，主、次出入口均在同一条道路上。应避免场地或建筑物的主要出入口正对城市主干道的交叉口。

对于车流量较多的基地（包括出租汽车站、停车场等），其通路的出入口的位置应符合《民用建筑设计统一标准》（GB 50352—2019）的规定：

① 中等城市、大城市的主干路交叉口，自道路红线交叉点起沿线 70m 范围内不应设置机动车出入口。

② 距人行横道、人行天桥、人行地道（包括引道、引桥）的最近边缘线不应小于 5m。

③ 距地铁出入口、公共交通站台边缘不应小于 15m。

④ 距公园、学校及有儿童、老年人、残疾人使用建筑的出入口最近边缘不应小于 20m。

(3) 交通组织

作为场地内外交通的转换处，场地的出入口需解决好交通集散问题，使进出场地的人流、车流有足够的分流、回转空间，即有序组织场地内各种流线的聚集与离散，使场地内外交通衔接顺畅，同时减少对城市道路交通的干扰。

一般而言，需在场地主要出入口附近设置供人员、车流集散的空间。应根据高峰时间人流和车流的多少、公共建筑物主要出入口的位置，结合地形，合理布置车流与人流的进出通道、停车场地、步行活动地带等，以保证集散广场上的车辆和行人互不干扰，交通路径便捷。

3. 交通流线组织

(1) 确定流线体系基本结构形式

① 尽端式流线结构

尽端式指进入场地、抵达目的地后，沿原路线返回并离开场地，各流线起点、终点区分明确。这种结构的特点是各部分流线独立性较强，可避免相互交叉。场地各部分交通流线的性质差异较大时，采用这种形式十分有利，可以使不同区域都有各自独立的流线系统与外部联系，避免不同分区之间流线的相互穿越干扰（图 3-28）。

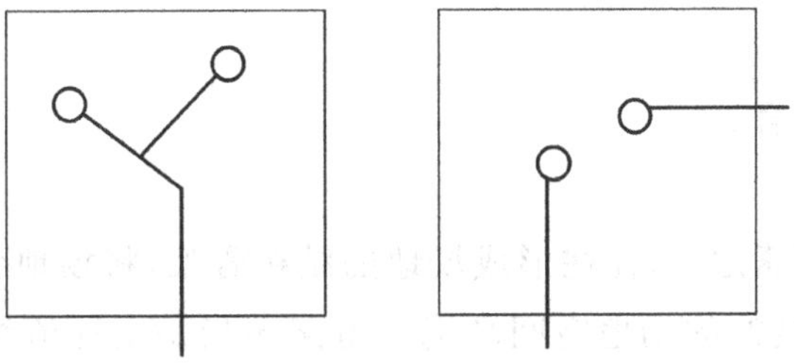

图 3-28 尽端式流线结构

② 通过式流线结构

通过式指从一端进入场地后可从另一端离开而无须折返，各流线相互连通，起点和终点无明确区分，进出方向可逆。通过式流线的各出入口相互连通，保证了各流线进出的通畅，避免了迂回折返，同时在一定程度上具有可选择性，有利于提高交通组织的效率。但是这种连通形式也可能造成不同流线相混合的情形，因而必须重视各流线出入口的组织和环通路线的安排，减少相互干扰，做到场地整体流线结构清晰和交通明确（图 3-29）。

(2) 不同类型流线的组织

① 分流式组织形式

即各流线相互分离，各自有独立的通道系统，组成复杂。这种组织形式适用于交通流量大、

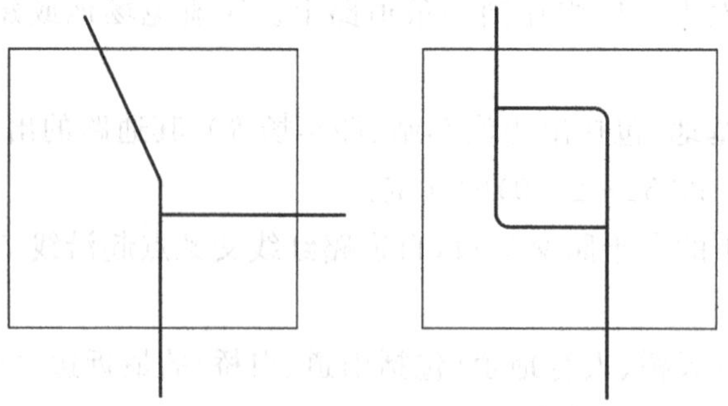

图 3-29 通过式流线结构

使用要求差异大的大型公共建筑。

② 合流式组织形式

即不同类型流线合并起来由一套通道系统共同使用。这种组织形式适用于用地规模小、所邻接的外部交通条件有限的地块(图 3-30)。

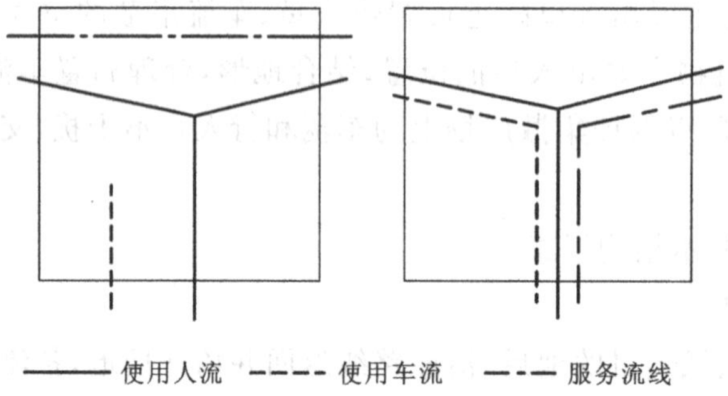

(a) (b)

图 3-30 不同类型流线的组织形式

(a)分流式;(b)合流式

③ 复合组织形式

即以上两种形式的结合。

4. 场地道路系统组织

道路是场地的构成要素之一,往往形成场地的结构骨架,将场地各组成部分连成一个有机联系的整体,有助于形成良好的场地空间环境。道路布局是交通流线组织在用地上的具体落实,要求在场地出入口和建筑物出入口位置确定的基础上安排好场地内的各类道路,从而形成清晰完整的道路系统。

(1) 道路系统分级组织

场地中的道路,在交通特征、功能作用、服务对象及技术要求等方面各有不同特点,一般以交通性质和交通量等因素为依据进行分级组织,使路网结构清晰,主次分明,功能明确。

一般而言,中小型民用建筑场地中,道路的功能相对简单,根据需要可设置一级或二级可供机动车通行的道路,以及非机动车、行人专用道等。而大型场地内的道路,需依据其功能及特征明确交通性(机动车为主)或生活性(以行人、非机动车为主)、全局性(交通量大)或局部性(交通量小)、客运交通或货运交通,以便充分发挥各类道路的不同作用,组成高效、安全的场地道路网。简而言之,场地内的道路可根据其功能划分为主干道、次干道和支路等。

对于居住建筑场地，道路应分级设置。以居住小区为例，道路系统一般分为三级：小区级道路(小区主路)，即小区与外围道路连接的主要车行道，用以划分并联系住宅组团、公共建筑和中心绿地等；组团级道路，即小区内的支路，用以解决住宅组群的内外联系；宅前小路，即从组团级道路通向各单元门前的小路，以满足非机动车和行人要求为主，但应保证特殊情况下机动车(如搬家、急救和消防等)的通行。

(2) 道路布置考虑因素

① 流线组织要求

道路是组织交通流线的重要通道，是引导和疏散流线的路径。在总体布局中，应根据流线组织要求进行道路布置。例如对于分流式，应分别设置相应道路来引导具有不同性质或使用要求的流线。对应于尽端式和通过式流线结构，道路布局也可采用尽端式或通过式。此外，场地中的道路应将场地出入口和建筑物出入口联系起来，实现场地最基本的交通功能。

② 场地分区要求

道路布置要有利于内部各功能分区的有机联系，将场地各组成部分联结成统一整体。例如在居住小区中，各居住组群往往通过小区道路相联系。事实上，在群体建筑场地中，道路起着各区域分割与联系的媒介作用，也成为不同分区的划分手段和标志。

(3) 规范规定

根据《民用建筑设计统一标准》(GB 50352—2019)，基地道路应符合下列规定：

① 基地道路与城市道路连接处的车行路面应设限速设施，道路应能通达建筑物的安全出口。

② 沿街建筑应设连通街道和内院的人行通道，人行通道可利用楼梯间，其间距不宜大于 80m。

③ 当道路改变方向时，路边绿化及建筑物不应影响行车有效视距。

④ 当基地内设有地下停车库时，车辆出入口应设置显著标志；标志设置高度不应影响人、车通行。

⑤ 基地内宜设人行道路，大型和特大型交通、文化、娱乐、商业、体育、医院等建筑，居住人数大于 5000 人的居住区等车流量较大的场所，应设人行道路。

根据《建筑设计防火规范》(GB 50016—2014)(2018 年版)，基地消防车道应符合下列规定：

① 街区内的道路应考虑消防车的通行，道路中心线间的距离不宜大于 160m。当建筑物沿街道部分的长度大于 150m 或总长度大于 220m 时，应设置穿过建筑物的消防车道(图 3-31)；确有困难时，应设置环形消防车道。

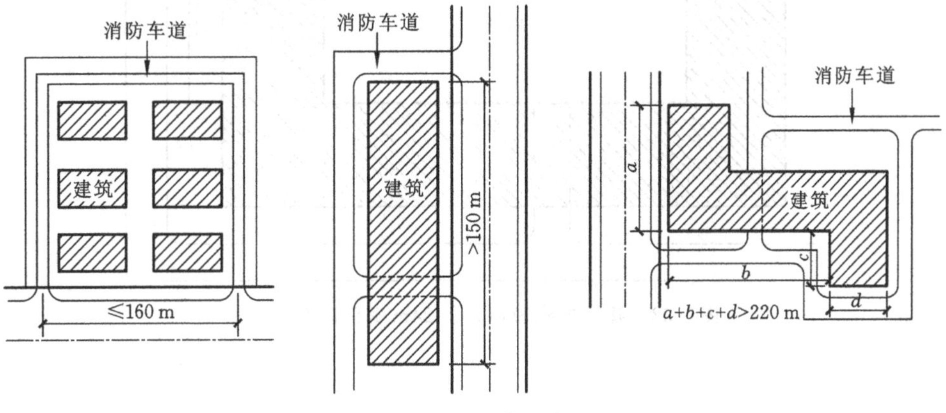

图 3-31 消防车道布置

② 高层民用建筑，超过 3000 个座位的体育馆，超过 2000 个座位的会堂，占地面积大于 3000m² 的商店建筑、展览建筑等单(多)层公共建筑应设置环形消防车道，确有困难时，可沿建筑的两个长边设置消防车道；对于高层住宅建筑和山坡地或河道边临空建造的高层民用建筑，可沿建筑的一个长边设置消防车道，但该长边所在建筑立面应为消防车登高操作面(图 3-32)。

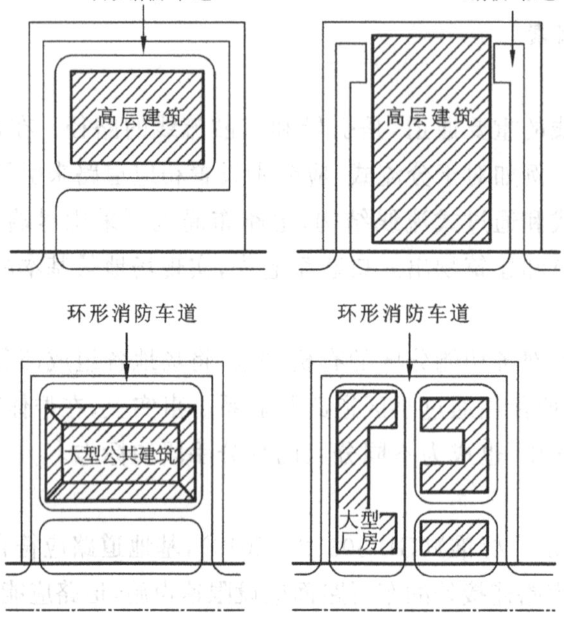

图 3-32　环形消防车道布置

③ 有封闭内院或天井的建筑物，当内院或天井的短边长度大于 24m 时，宜设置进入内院或天井的消防车道(图 3-33)；当该建筑物沿街时，应设置连通街道和内院的人行通道(可利用楼梯间)，其间距不宜大于 80m。

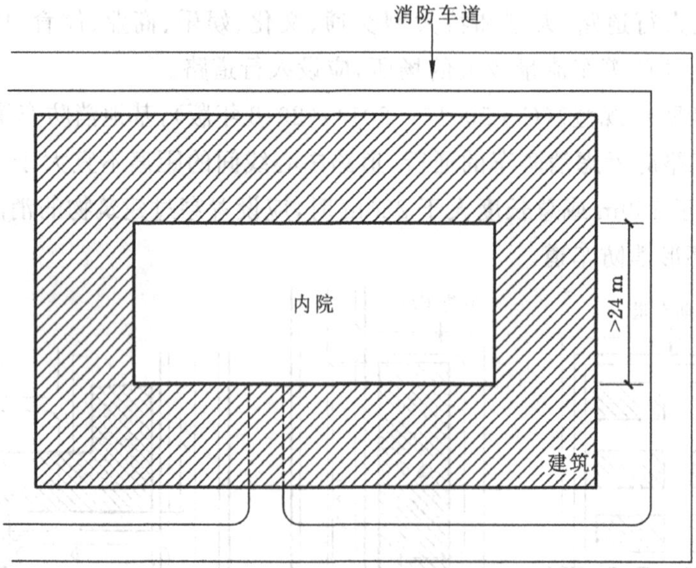

图 3-33　建筑内院短边大于 24m 时消防车道布置

5. 场地停车系统组织

(1) 机动车停车场

① 停车场的类型

根据停车场与场地的关系，可将停车场在场地中的存在形式大致分为三种，即地面停车场、组合式停车场、独立停车库，总体布局时需结合场地具体情况确定。

地面停车场是一种常见形式，平面布置较为简单，与场地内流线体系的联系最为直接，车流与人流进出方便，造价也较低。

组合式停车场即停车场与其他内容结合布置，如位于建筑物底层或地下层的停车库，特别是附建式地下停车库。组合式停车场适用于建筑物规模较大、用地紧张、所需停车位数量较多的场地，是高层建筑场地解决停车问题的主要方式。

独立停车库是一种较为特殊的停车场，为场地中独立的建筑物。

② 停车场的规模

a. 停车泊位估算

停车场的规模应符合规划设计的要求，可以按机动车停车泊位建议指标，根据停车场性质、规模、场地条件，选用不同的设计指标进行计算。

b. 停车场面积估算

在初步估算停车场面积时，可参照以下指标：一般而言，停车位宽度应不小于 2.8m；用地宽松时，停车位尺寸一般为 3m×6m。

由于公共停车场车辆种类、型号繁多，停车场(库)的设计参数应以高峰停车时间所占比重最大的车型为主，用地面积按当量小汽车的停车泊位估算，具体换算系数分别为微型汽车 0.7、小轿车 1.0、中型汽车 2.0、大型汽车 2.5、铰接汽车 3.5、三轮摩托 0.7。

对于地面停车场，停车位面积可按每个标准当量停车位 25～30m^2(包括车道面积)来计算；对于地下停车场(库)及地面多层停车场(库)，每个停车位面积可取 30～40m^2(包括车道面积)。

③ 停车场的分布形态

场地停车空间可采用集中或分散的布置方式。集中式是将全部停车空间集中布置在场地的一处；分散式是将全部停车空间分成几个部分，分别布置于场地的不同位置(图 3-34)。

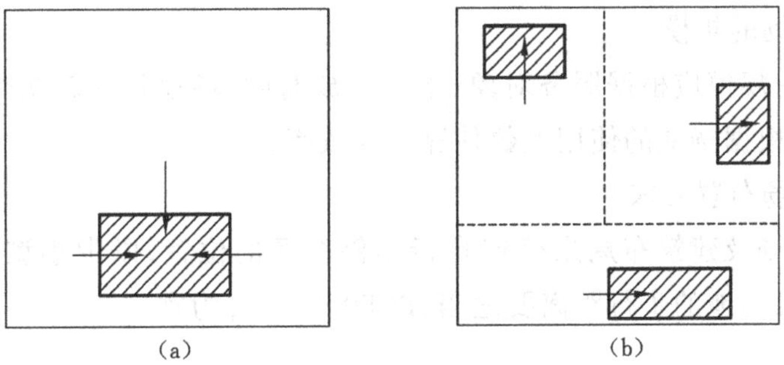

(a) (b)

图 3-34 停车场的分布形态

(a)集中式；(b)分散式

④ 停车场位置确定

将停车场布置在场地的内部还是外侧、前部还是后部，要考虑它与场地出入口、建筑物及建筑出入口的关系。其位置原则上应靠近主体建筑，以方便使用，并减少车流往返。

在考虑停车场与建筑物的位置关系上，一般来说，停车场布置在场地的前部（场地主要人口及建筑主要入口的方位）是便于使用的，对内部的干扰较小。需要注意的是，这一区域通常集中有通向建筑物的主要人流和车流，布置停车场时应避开这些主要流线。另外，场地入口处，建筑物面向外部的前区景观要求较高，应尽量减小停车场的消极影响，不要让建筑的主要景观位于停车场一侧，或将停车场挤到建筑物前（图 3-35）。

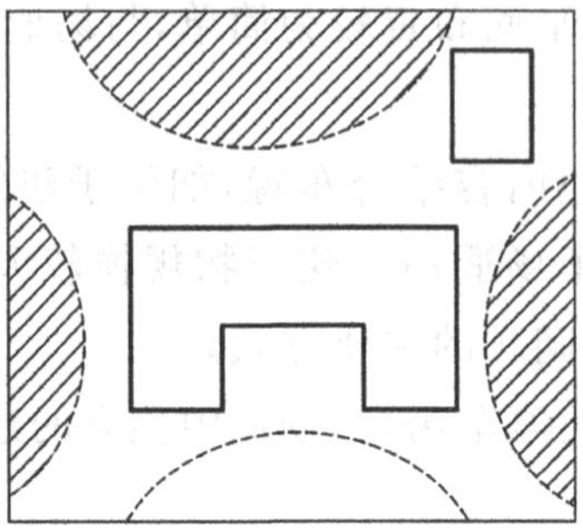

图 3-35 停车场与建筑物的位置关系

⑤ 停车场出入口的设置

a. 出入口数量

机动车停车场出入口的数量主要取决于停车场的规模、设计标准以及当地的交通规划和管理规定。一般而言，停车场的规模越大，所需的出入口数量就越多。同时，还需要考虑高峰时段车辆出入数量、出入口排队车辆数量以及消防疏散要求等因素，应确保有足够的出入口供车辆迅速撤离。

b. 出入口位置

为避免干扰城市主干道上的交通，并保证交通安全、通畅，机动车停车场的出入口不宜设在主干道上，应设在次干道和支路上。停车场的出入口与城市道路交叉口的距离应大于 50m，至大中城市主干道交叉口道路红线交点的距离不应小于 70m，并保证车辆右转出入车道。

车辆停放点至出行目的地的步行距离要适当，一般以 200～400m 为宜。

(2) 自行车停车场

根据自行车的停放方式，其停车场可分为地面式、半地下式、地下式（独立式或附建式）。

① 自行车停车场的规模

自行车停车场的规模应根据服务对象、平均停放时间、场地日周转次数等确定。固定的专用自行车停车场，应根据场地的使用人数估算其存放率。

② 自行车停车场布置要求

应结合道路、广场及建筑布局来确定自行车停车场的位置，以中小型分散就近布置为主。车辆停放点至出行目的地的步行距离要适当，以 50～100m 为宜。

3.3.4 场地绿地配置

1. 绿地分布方式

(1) 规则式

规则式布置形式较规矩严整，多应用于平地。这种布置形式往往采用严整的对称式布局，道路多为直线和几何规律形式，树丛绿篱修剪整齐，在道路交叉点或视线集中处多布置雕像、喷泉、亭等，在主要建筑物前或广场中心多布置花坛，可营造富丽景象(图 3-36)。

图 3-36 杭州铁路南站

(2) 自然式

在山丘起伏、地形变化较大之处，可顺应自然地形，不求对称，采用自然式布置以增强自然之美。在山丘、溪流、池沼之上配以树林草地，植物的种植有疏有密，空间组合有开有闭。道路弯曲自然，亭台、雕像、喷泉等点缀其间(图 3-37)。

图 3-37 福州海峡文化艺术中心

(3) 混合式

混合式既不完全采用几何对称式布局，也不过分强调自然面貌，吸收了规则式、自然式二者的特点，使布置既有人工之美又有自然之美，能适应不同场地，满足不同要求(图 3-38)。

2. 绿地基本形态(图 3-39)

(1) 点状绿地

布置时灵活性大，常用于场地中需要强调景观效果的地方。

(2) 线状绿地

成排布置的树木，适应性强，能构成场地绿化背景，有效扩大绿地总体规模。

图 3-38 苏州银城原溪庭院

(3) 面状绿地

具有一定规模,一般可以进入,内部可包容活动设施,作为场地中的活动载体。

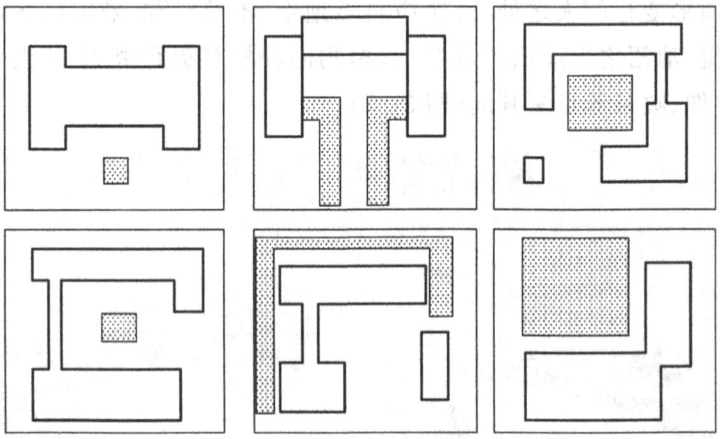

(a) (b) (c)

图 3-39 绿地的基本形态

(a)点状绿地;(b)线状绿地;(c)面状绿地

3. 绿化用地位置

(1) 相对独立

较独立的绿地一般作为集中活动场地、集中景观等,需在总体布局中将其视为独立构成要素,并考虑其位置。

(2) 与建筑密切结合

这类绿地在使用上或景观上与建筑室内活动联系紧密,如与室内餐饮、娱乐等活动空间相邻的庭院空间,房前屋后防风遮阳的绿化带等。

(3) 与道路相关

对于交通性强的道路,一般以行道树布置为主;对于景观要求高的场地,往往将绿化与道路(多为步行道)、广场、环境小品等相结合,创造宜人的休闲空间。

复习思考题

1. 下列关于建筑总平面设计的内容为(　　)。

Ⅰ.合理地进行用地范围内的建筑物、构筑物及其他工程设施相互间的平面布置;Ⅱ结合地形,合理进行用地范围内的竖向布置;Ⅲ.合理组织用地范围内交通运输线路的布置;Ⅳ.为协调室内管线敷设而进行的管线综合布置;Ⅴ.绿化布置和环境保护

A.Ⅰ、Ⅱ、Ⅲ　　B.Ⅱ、Ⅲ、Ⅳ、Ⅴ

C.Ⅰ、Ⅱ、Ⅲ、Ⅴ　　D.Ⅰ、Ⅱ、Ⅲ、Ⅳ、Ⅴ

2. 关于建筑总平面布置,以下(　　)规定是正确的。

A.消防车用的通路宽度不应小于 3m

B.人行通路的宽度不应小于 1m

C.通路的间距不宜大于 180m

D.长度超过 120m 的尽端式车行路应设回车场

3. 办公建筑总平面布置的要求中,(　　)错误的。

A.建筑物、构筑物、道路、管线之间的距离,应符合规定的要求,防止植物根系影响建筑物安全和构筑物妨碍树木花草生长

B.锅炉房、厨房等后勤用房的燃料、货物及垃圾等物品的运输宜设单独通道和出入口

C.办公建筑与公寓、酒店等建筑合建时,办公区域宜设置单独出入口

D.停车场地(库)最好将内部使用和外部使用的场所分开设置,有条件时可充分利用社会停车设施

4. 在下面几种组合中,住宅群体组合方式是(　　)。

Ⅰ.成组或成团组合;Ⅱ.成街成坊组合;Ⅲ.整体式组合;Ⅳ.行列式组合;Ⅴ.周边式组合

A.Ⅰ、Ⅱ　　B.Ⅰ、Ⅱ、Ⅲ

C.Ⅰ、Ⅱ、Ⅲ、Ⅳ　　C.Ⅰ、Ⅱ、Ⅲ、Ⅳ、Ⅴ

5. 建筑设计中应处理好公共建筑和城市交通道路的相互关系,下面(　　)说法不正确。

A.在抗震设防的城市中,位于道路两侧的高层建筑应由道路红线向后退 5～9m

B.次干路两侧可设置公共建筑物的出入口,并可设置机动车和非机动车的停车场等设施

C.市区建筑容积率大于 4 的地区(城市规模不大于 200 万人口的城市),其道路支路的密度应为 6～8km/hm^2

D.公共建筑物的出入口不宜设置在主干道两侧

6. 关于场地设计中交通流量的安排,下列(　　)不妥。

A.安排大量的人、车、货流运行线路时,应不影响其他区域的正常活动

B.应将出入口设在交通流量大的部位

C.交通流量大的部位应直对城市主要干道的交叉口

D.在山地布置交通线路时,应将交通流量大的部位布置在与主要出入口高差相近的地段上

7. 确定居住区组团绿地(包括其他块状、带状绿地)面积标准的基本要素中不包括(　　)。

A.满足日照环境的基本要求

B.满足功能要求

C.考虑空间环境的因素

D.绿地的植被和树种

8. 对于交通流线的安排,下列叙述(　　)不妥。

A.交通流线要明确清晰,易于识别

B.要符合使用规律和活动特点

C.要避免干扰和相互冲突,交通流线应迂回设置

D.要符合交通运输自身的技术要求

9. 某小区拟建一栋 19 层的高层住宅,其与相邻相同高度住宅的侧面最小间距为(　　)

A.6m　　B.9m　　C.13m　　D.15m

10. 在一栋板式高层住宅一侧,拟平行建一栋 5 层板式住宅,其侧面间距不应小于(　　)。

A.6m　　B.7m　　C.9m　　D.13m

11. 一幢高层建筑与另一幢高层建筑的裙房之间的防火间距应为(　　)m。

A.13　　B.10　　C.9　　D.6

参考答案

4 道路与停车场设计

学习目标和要求

1. 理解道路与停车场设计的基本原则

- 掌握道路和停车场的功能要求和设计标准。
- 了解道路与停车场的安全性、通行性和便捷性的重要性。

2. 掌握道路布局和设计要素

- 学习不同类型道路(如机动车道、非机动车道、人行道等)的功能和设计特点。
- 了解道路纵坡、横坡及交叉口设计的技术要求。

3. 掌握停车场布局与设计要素

- 掌握停车场类型(如地面停车场、地下停车场、立体停车场等)的特点和设计要求。
- 了解停车场的车位布置、通道宽度、出入口设计和标志标线等要素。

4. 了解道路与停车场的绿化设计

- 掌握行道树的树穴和绿带布置方式。
- 理解绿化在美化环境、减少噪声和提升道路景观方面的作用。

4.1 概 述

场地设计中,道路和停车场的设计至关重要。道路和停车场的设计不仅影响到场地的使用效率,还影响到场地的整体外观和环境。因此,场地设计师需要深入了解道路和停车场设计的原则和技术,以确保场地的功能性、可持续性和美观性。

在道路设计方面,设计师需要考虑交通量、车速、行人安全、通行效率等因素。道路应该具备适当的宽度、弯曲程度和坡度,以确保车辆可以安全通行。此外,为了提高道路的通行效率,设计师还需要考虑道路标志和信号系统的布置。

进行停车场设计时也需要考虑多方面的因素,包括停车场的容量、车位的大小和数量、通行路径、停车位布置等方面。此外,还应该考虑环保因素,如减少雨水径流、提高停车场的绿化率等。

4.2 道路的类型

道路类型通常是根据交通流量、车辆速度以及交通组织的需要来划分的,不同类型的道路在设计、建设和使用上都需要满足相应的要求和标准,以确保交通的安全和顺畅。

一般情况下,道路主要分为城市道路和乡村道路两种。城市道路是指在城市区域内,主要用于城市交通的道路。而乡村道路则是指在农村地区，主要用于连接乡村之间以及城乡之间的道路。

无论是城市道路还是乡村道路，机动车道、非机动车道和人行道都是道路设计中非常重要的组成部分。在道路设计中，必须合理规划和设置不同类型的道路，并根据实际情况进行适当的调整和改进，以确保交通的安全和效率。

4.2.1 机动车道

机动车道是指专门用于机动车辆行驶的道路部分。机动车道通常位于道路的中央或靠近道路中心线的位置，常通过车道标线或隔离物（如实心线或物理隔离器）与其他道路部分（如非机动车道和人行道）分隔开来。机动车道上只允许机动车辆（如汽车、摩托车和公交车等）行驶，通常行驶速度较快。机动车道的设计需遵循以下三点：

① 机动车道的宽度：单车道的宽度不应小于 4m，双车道的宽度不应小于 7m，三车道的宽度为 10～11m，四车道的宽度为 13～15m。一般场地交通量不大时，以双车道为宜，一般不要超过四车道。

② 车道总数应为偶数，两个方向车道相等。

③ 单车道每隔 150m 应设置会让车道，即错车带（图 4-1）。机动车道错车带是在城市道路中设置的一种特殊车道，用于解决车辆转弯或掉头时出现的交通堵塞问题。机动车道错车带一般位于道路中央或者靠近道路中央的位置，与其他正常行驶的车道分隔开来。错车带的坡度应小于 4%，长度大于 2 倍车长，总宽度大于双车道。

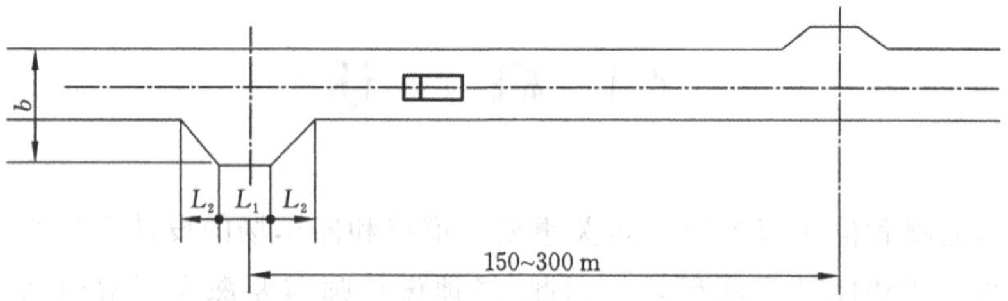

图 4-1 机动车道错车带

4.2.2 非机动车道

非机动车道是专门为非机动车辆设计的道路部分。非机动车辆包括自行车、电动自行车、滑板车等。非机动车道通常位于机动车道的一侧，通过特殊标线或隔离设施与机动车道分隔开来。非机动车道提供了相对安全的通行环境，鼓励非机动车辆与机动车辆分开行驶。非机动车道的设计需遵循以下几点：

① 非机动车道的宽度：自行车道为 1.5m，单独设置的非机动车道为 4m、5m 等。

② 非机动车道的横坡以 1.5%～2.5%为宜，纵坡不宜大于 2.5%，最大纵坡不应大于 4%。

4.2.3 人行道

人行道是专门为行人设计的道路部分，用于行人步行和停留。人行道通常位于道路的两侧或一侧，并通过边线或隔离设施与机动车道和非机动车道分开。人行道使行人与机动车辆、非机动车辆分开，为行人提供了相对安全的区域，使行人能够安全地行走。人行道的设计需遵循以下几点：

① 当交通量比较大时，为保证机动车和行人的安全，应在道路的一侧或两侧设置人行道。

② 经常有行人通过的地方(没有车辆通行)，应设置单独的人行道。

③ 若车行道会增加步行距离，应设置便捷的人行道。

1. 人行道的宽度

根据《民用建筑设计统一标准》的规定，人行道的最小宽度为1.5m。在民用建筑设计中，人行道的宽度是一个关键参数，它直接关系到行人通行的舒适性和安全性。不同类型的建筑项目对人行道宽度有不同的要求，主要根据项目的性质、使用功能、周边环境和行人流量来确定。以下是一些常见项目类型及其人行道宽度的一般要求：

① 住宅区

低密度住宅区：通常人行道宽度为1.5～2m，以满足居民日常通行需求。

中高密度住宅区：人行道宽度一般为2～3m，以适应较大的行人流量和休闲活动需求。

② 商业区

商业街区和购物中心：由于人流量较大，人行道宽度通常需达到4～6m，以确保购物者和行人有足够的空间。

综合商业区：需要考虑高峰期人流量，建议人行道宽度为3～5m。

③ 办公区

普通办公区：一般人行道宽度为2～3m，适应上班族的通勤需求。

高密度办公区：由于人员密集，人行道宽度应为3～5m，保证行人通行的顺畅和安全。

④ 学校和医院

学校：特别是中小学周边，人行道宽度应为3～4m，保证学生在上下学高峰期的安全通行。

医院：由于患者及其陪同人员较多，人行道宽度建议为3～4m，以保证医患通行顺畅并留出急救通道。

⑤ 公共设施和文化场所

图书馆、博物馆、剧院等：这些场所的人行道宽度应为3～5m，以适应大规模人流的通行需求，特别是活动或演出时。

体育场馆：根据观众流量，人行道宽度应为4～6m，确保大型赛事期间的人员通行安全。

⑥ 交通枢纽

火车站、公交枢纽、机场：由于人员极其密集，人行道宽度通常需要达到5～8m，特别是进出口和候车区域。

表4-1为各项目类型的人行道宽度。

表4-1 各项目类型的人行道宽度

项目	适宜宽度/m	铺砌的最小宽度/m
设置电线杆与路灯杆的地带	0.5～1.0	
种植行道树的地带	1.25～2.0	
火车站、公园、城市交通终点站与其他行人聚集的地点	7.0～10.0	6.0

续表4-1

项目	适宜宽度/m	铺砌的最小宽度/m
市干道有大型商店及公共文化机构的地段	6.6～8.5	4.5
区干道有大型商店及公共文化机构的地段	4.5～6.5	3.0
住宅区街巷	1.5～4.0	1.5

2. 人行道的坡度

人行道的坡道是一种方便行人和轮椅使用者进出建筑物或其他区域的设施。它通常被设计成平缓的斜面，以便人们可以轻松地通过，而不会遇到阻碍或困难。人行道的坡度设计是为了确保行人的安全、舒适和无障碍通行。不同坡度的具体要求和适用场景如下：

① 人行道坡度≤4%

常规人行道：坡度在4%及以下时，适用于大多数普通人行道。在这种坡度下，行人行走舒适，推婴儿车、轮椅等也相对方便。

无障碍设计：在无障碍设计中，坡度≤4%被认为是最佳设计坡度，能够确保轮椅使用者和其他行动不便人士的方便通行。

② 4%<人行道坡度≤8%

适度坡度：当坡度为4%～8%时，适用于需要克服一定高差的场景。在这种坡度下，行人仍然可以比较舒适地通行，但对于推婴儿车者和轮椅使用者来说，可能需要更大的力气。

辅助措施：在这种坡度范围内，通常需要设置扶手或防滑措施，以保障行人特别是老年人和残疾人的安全。

③ 人行道坡度>8%

陡峭坡度：当坡度大于8%时，人行道变得较为陡峭，行人通行会比较吃力，且存在安全隐患。

特殊设计：在这种情况下，必须采取特殊设计措施，如设置阶梯、坡道辅助设施（如坡道扶手、阶梯扶手）或安装电梯等，以确保行人安全。

3. 人行道与建筑物、构筑物的距离

人行道与建筑物、构筑物之间的距离是为了确保行人的安全和行走的便利性而设定的。人行道与建筑物、构筑物的距离设计需要考虑安全、通行、视野、排水和景观等多方面的因素。以下是一些一般性原则和具体规定：

① 安全通行

行人安全：人行道与建筑物、构筑物之间应保持一定的距离，以确保行人有足够的通行空间，避免因建筑物过近而造成安全隐患。

视野开阔：保持适当的距离以确保行人和车辆视野开阔，避免盲区和视线遮挡。

② 建筑物与人行道距离（图4-2）

住宅建筑：人行道与住宅建筑之间应有一定的距离，通常为1.5～2m，以提供足够的空间进行绿化、排水和其他辅助设施的布置。

商业建筑：商业建筑的人行道前区域应更宽，一般建议保持3～5m的距离，以容纳商铺前的展示区、公共设施和行人聚集区。

办公建筑：办公建筑前的人行道距离一般为2～4m，考虑到人流量和通行需求。

③ 构筑物与人行道距离

公共设施：如公交站台、广告牌、电话亭等构筑物应与人行道保持一定距离，通常为 0.5～1m，以确保行人流畅通行并避开障碍。

绿化带和街道家具：绿化带、街道家具（如长椅、垃圾桶）等构筑物应合理布局，保证人行道的净宽度不小于 1.5m，以确保行人通行无障碍。

④ 特殊情况

大型公共建筑：如医院、学校等，建筑物前的人行道距离应更大，一般为 4～6m，以适应高峰时段的大量人流。

交叉口和拐角处：在交叉口和拐角处，人行道与建筑物的距离应适当增加，以保证行人和车辆驾驶人员的视野清晰和安全。

⑤ 其他考虑因素

排水设计：人行道与建筑物之间应有良好的排水设计，避免雨水积聚，影响行人通行。

景观美化：合理安排距离以布置绿化带，美化环境，提升城市景观。

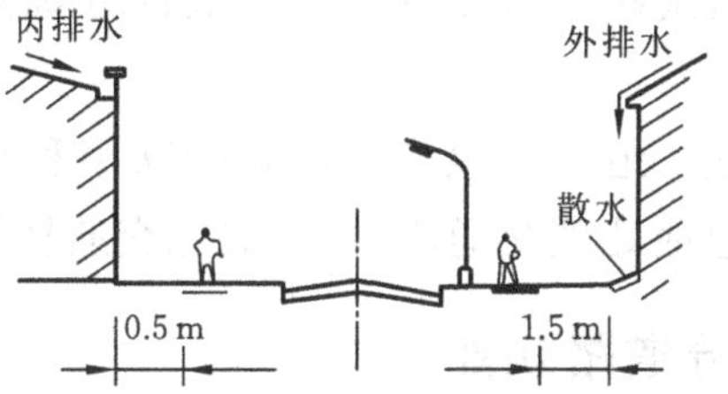

图 4-2　建筑物与人行道的距离

4. 人行道的高度

人行道的高度是指人行道与路面之间的垂直距离。人行道的高度通常是根据建筑法规和规范来确定的，以确保行人的安全和舒适。一般而言，人行道需高出车行道 80～200mm，高出地面 50mm。

4.3　道路布置的一般原则和基本要求

在进行道路布置时，需要考虑多方面的原则和要求，这些原则和要求是确保道路系统规划、设计和建设的有效性和可持续性的基础。

4.3.1　满足使用功能的要求

第一，道路必须满足交通运输的需求。这意味着道路必须宽敞，以容纳大流量的交通工具，并能够容纳不同类型的车辆。此外，道路布置还必须考虑行人的需求，包括人行道、过街天桥和地下通道等，以确保行人的安全和行走的便利。

第二，进行道路布置时必须考虑噪声和安全问题。为了减少交通噪声对居民的影响，需要采取措施来缓解噪声，如安装声屏障。此外，安全也是道路布置时要考虑的重要问题，需要采取措施来减少事故的发生，如设置交通标志、交通信号灯，进行车道分隔。

第三，建筑布局也是道路布置中一个重要的影响因素。合理的建筑布局可以促进交通流线的顺畅，确保建筑物的良好视野。

第四，进行道路布置时还需要考虑绿化和工程设施。绿化带可以提高城市的空气质量，加强环境保护，并打造美丽的景观。工程设施（如排水系统）也需要考虑到，以确保在暴雨天气中道路的正常使用。

4.3.2 建立完善的道路系统

完善的道路系统应符合交通的便利性、安全性以及道路的美观和整体性、宁静和快捷性。

第一，交通的便利性。道路应能连接城市的各个部分，并与公共交通系统相结合，使人们可以更方便地到达目的地。此外，人行道和自行车道的设施也是道路系统中不可或缺的组成部分，以便于行人和骑车者可以安全地通行。

第二，安全性。为了确保道路上交通工具和行人的安全，需要采取一系列措施，如设置交通标志、信号灯、限速标志等。此外，还需要考虑到车辆行驶过程中可能发生的状况，例如交通事故逃逸和紧急情况下的车辆故障。

第三，道路的美观和整体性。道路上的绿化、景观和建筑物布局都应该与周围环境相协调，创造出一个宜人的环境。此外，道路系统中的各个组成部分也需要相互协调，以创造出一个完整的道路网络。

第四，道路的宁静和快捷性。道路应该尽可能减少噪声和交通拥堵，以提高居民的生活质量。此外，道路系统还应该快速地处理交通流量，以避免交通拥堵和行车延误。

4.3.3 明确道路性质，区分道路功能

按照道路性质，可将其分为交通性道路和生活性道路。交通性道路通常是指车流量大、车速较高的道路，如高速公路、快速路和主干道等。交通性道路的设计应该考虑车辆的行驶速度和流量，以确保交通的流畅和安全。

生活性道路则是指车速较慢、人车混流的道路，如小区内的道路、步行街和慢行系统等。这类道路的设计应该注重行人和自行车的需求，采取措施来缓解噪声，减少事故的发生。

4.3.4 节约用地，减少投资成本

道路应尽可能简短、便捷，减少不必要的曲折和转弯，以减少用地面积和投资成本。通过合理的路线规划和设计，可以避免出现无意义的迂回和弯曲，同时也可以提高车辆行驶的效率和安全性。

4.3.5 充分利用地形，减少工程量

充分利用地形是道路布置的一个基本原则。地形是我们不能改变的客观因素，而将道路设计与地形相结合，可以减少工程量，降低建设成本。例如，在山区道路设计中，应该利用山势设置盘山公路，这样既能降低工程难度，也能保持道路的自然美观，同时还能更好地适应山区气候条件。

合理设置道路走向和宽度也是道路布置的重要原则。道路的走向应该根据城市的规划和布局来进行设计，同时也应该考虑到城市的交通流量和交通组织的需要。例如，主干道的走向应该尽可能顺直，以便快速连接城市各个区域。而对于支路或者小街道，则可以根据地块和建筑的分布情况来合理设置走向和宽度，以便更好地满足城市的实际需要。

4.3.6 考虑环境和景观的要求

南方“迎风”，北方“拒风”，是道路布置中的重要原则。在南方，夏季炎热，需要充分利用道路布置来降低城市热岛效应。而在北方，冬季寒冷，需要保护行人和车辆免受寒冷北风的侵袭。因此，在道路布置中，应该尽量将南北向的道路设计成“迎风”和“拒风”的形式，以创造舒适的行车和行走环境。

创造视觉走廊也是道路布置中需要考虑的因素之一。视觉走廊是指由道路两侧的景观所形成的一条视觉通道，可以给人以美的享受，并留下深刻的印象。在道路布置中，我们可以通过合理配置植被、设置景观小品等方式来创造视觉走廊。这不仅可以提升城市形象，还可以增强城市的文化氛围，提升市民的幸福感。

4.4 场地道路系统的基本形式

场地道路系统的基本形式

4.4.1 人车分流

人车分流的道路系统，其主要目的是将行人和机动车辆分开，以提高交通安全和行人舒适度。这种道路系统通常由机动车道和人行道组成，两者之间可以通过隔离设施进行隔离(图 4-3)。

相较于传统的道路系统，人车分流的道路系统需要更多的用地和建设费用，但是它可以有效降低交通事故的发生率，并提高人行道的使用率和通行效率。此外，这种道路系统还可以改善城市环境，提升城市的形象和品质。

在人流量、车流量较大的地方，人车分流的道路系统可以得到很好的应用。比如商业区、旅游景点、城市广场等，这些地方通常人流量、车流量都比较大，且容易出现交通拥堵和事故。

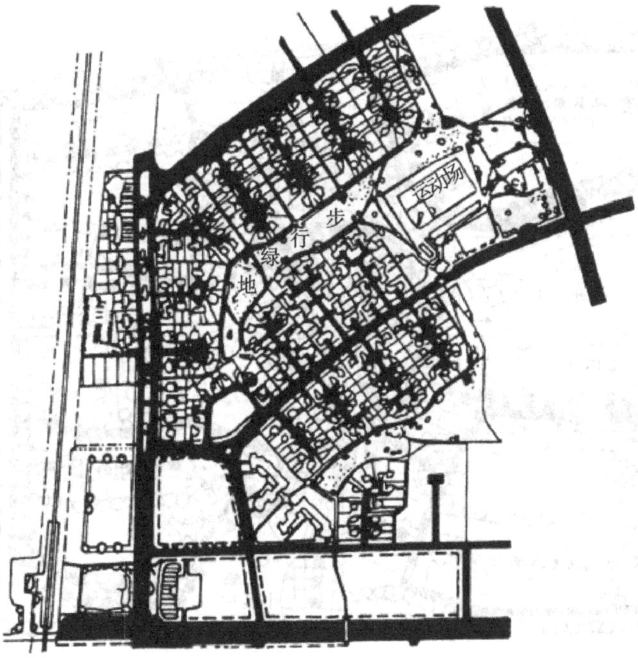

图 4-3 人车分流

4.4.2 人车混行

人车混行的道路系统只设一套道路系统，既供行人行走，也供车辆行驶。这种道路系统的特点是经济方便，布置方式灵活，适用于人流量、车流量较小的建筑场地。

这种道路系统设计的初衷是为了解决城市建设中的空间限制和经济成本问题。通过将行人和车辆合并在一起，可以在有限的空间内提供行人和车辆共同使用的通行方式，从而节省建设成本。

这种道路系统的布置方式非常灵活，可以根据实际情况进行调整。另外，人车混行的道路系统还可以提高人们出行的效率和便利性。对于那些车流量较小的建筑场地，人车混行的道路系统可以提高空间的利用率，使得行人和车辆可以更加便捷地出行。

4.4.3 人车部分分流

人车部分分流的道路系统是一种新型的道路交通系统，它是在传统的人车混行的道路系统基础上发展而来的(图 4-4)。在这种新型交通系统中，当场地内的人流量和车流量较大时，会通过设置人行专用道路，将人流和车流分离，从而达到分流交通流量的目的。这种道路系统的特点是造价较高，但具有较强的适应性。

在人车部分分流的道路系统中，人行专用道路通常设置在人员较为密集的区域，如商业区、公园等地。这些区域的人行流量较大，如果与车流混行，不仅容易造成交通拥堵，而且存在安全隐患。通过设置人行专用道路，可以有效地分流人行流量，缓解交通拥堵状况，并保障行人的安全。

与传统的人车混行的道路系统相比，人车部分分流的道路系统具有更高的效率和更好的安全性。在这种系统中，车辆可以在车行道上自由行驶，而行人则可以在专用人行道路上自由通行，不仅提高了交通流线的效率，而且也为行人提供了更加安全和便捷的通行环境。

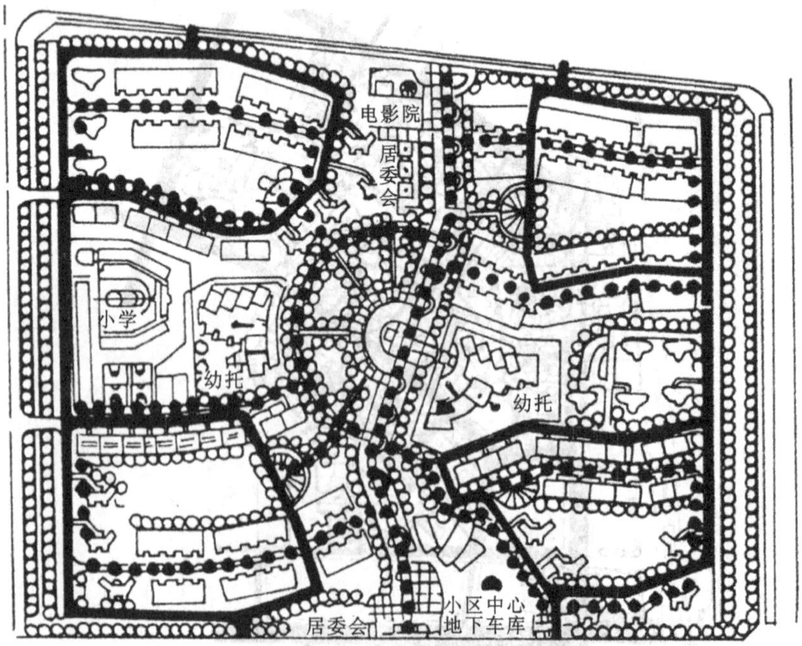

图 4-4 人车部分分流的道路系统

4.5 场地道路布局的基本形式

道路布局的形式各不相同，影响道路形式的因素包括场地地形、场地流线体系的组织形式、道路与建筑的联系等。道路的具体布局可采用多种形式，尽端式的流线结构对应尽端式道路，而通过式流线结构可表现为内环式、环通式、半环式等布局形式，此外，还有混合式。

4.5.1 内环式

内环式道路布局(图 4-5)适用于规模大、交通量大、地形条件好的场地。该布局形式具有联系方便、利于分区、便于交通组织、能较好地满足交通和消防要求等优势。内环式布局使得内部交通联系便捷，同时又与外部交通网络相互独立，避免了交通拥堵和混乱。

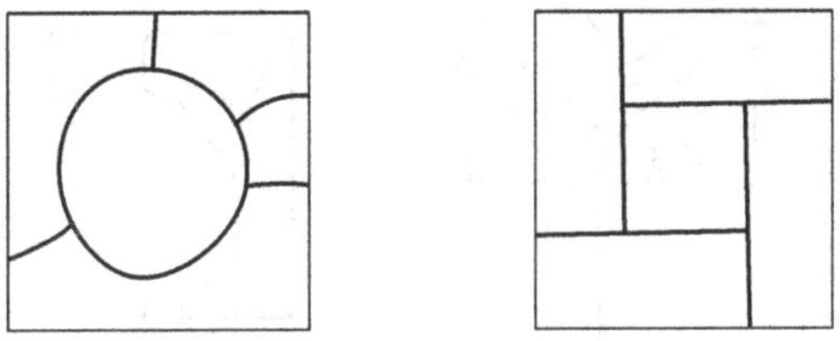

图 4-5　内环式

4.5.2 环通式和半环式

环通式和半环式道路布局(图 4-6)中，道路直接连接各出入口和分区，道路短、交通便捷、建设经济。该布局的优点是减少了道路长度和转弯次数，分开了行人和车辆，避免了交通冲突；提高了土地利用率，节省了建设成本。这种布局形式适用于人流量大，特别是人车分流的道路系统。

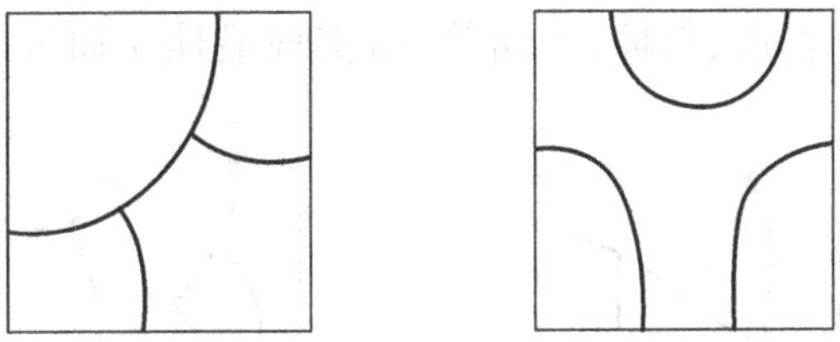

图 4-6　环通式和半环式

4.5.3 尽端式

尽端式道路布局(图 4-7)适用于地形变化大或有特殊要求的场地。尽端式布局的优势在于适应地形变化和限制流量，但不如环通式方便，单支线路应当小于 120m。

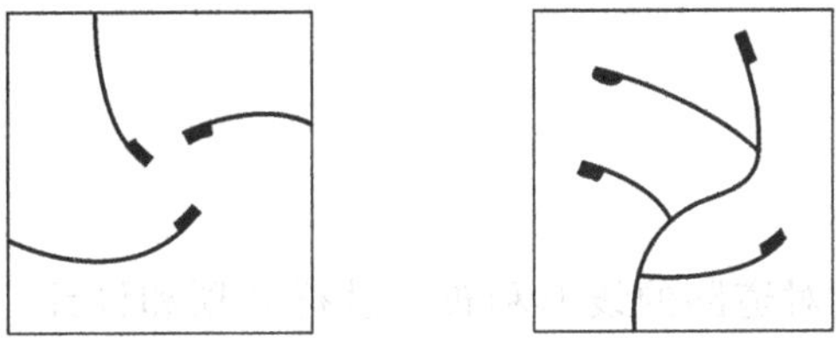

图 4-7　尽端式

回车场(图 4-8)是尽端式道路的终点,用于车辆调头。其设计要考虑多种因素,包括空间、车辆类型和安全性。回车场通常用于代替传统的十字路口或交叉口。它由一条环形车道组成,车辆沿着这条车道绕行,通常没有红绿灯或停车标志。车辆进入环形车道后,按照指定方向行驶,直到到达其目的地出口。道路回车场通常用于缓解交通拥堵和改善交通流量,因为它可以减少等待时间和降低事故风险。

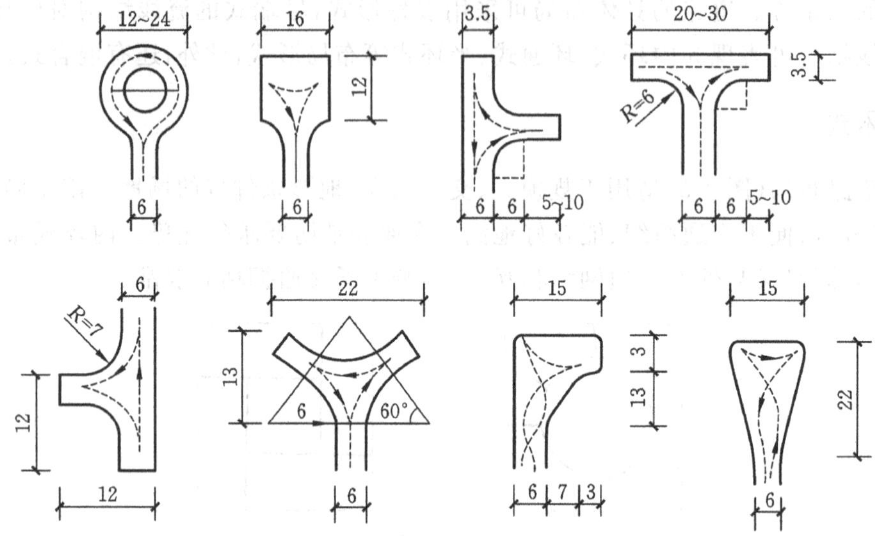

图 4-8 道路回车场(单位:m)

4.5.4 混合式

混合式(图 4-9)是一种采用两种以上道路布局形式的路网规划方式。这种路网规划方式结合了各种道路布局形式的特点,运用灵活,可以满足场地的各种交通要求。

在混合式道路布局中,设计师会结合地形特点和场地交通流量,灵活运用多种道路布局方式,如单向道、双向道、弯道、直道、斜坡、平路等,以实现最佳交通效果。

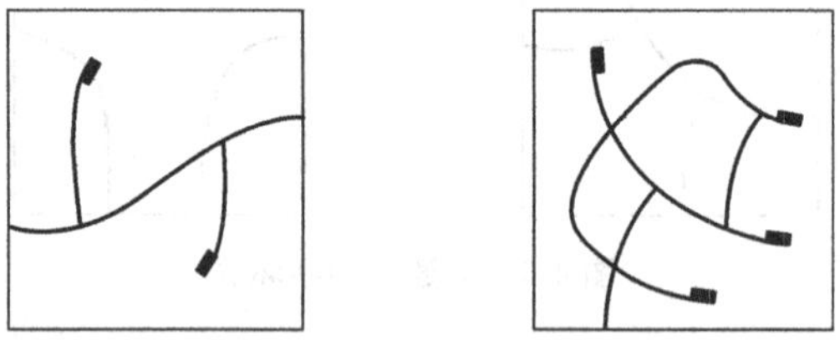

图 4-9 混合式

4.6 场地道路设计的基本技术要求

4.6.1 平面设计

平面设计是指在平面上对道路的线形和布局进行规划和设计。它包括确定道路的长度、宽度、曲率、坡度等基本参数,以及道路的纵向和横向布置。进行平面设计时要考虑到道路交通流量、车辆速度、行人流量等因素,以保证道路的安全性和通行效率。

1. 平面曲线半径

平面曲线半径(图 4-10)是指道路中的转弯曲线的曲率半径,通常以米为单位。常见的平面曲线半径参数如表 4-2 所示。为了保证车辆行驶的安全性和舒适性,应该根据道路类型和车辆行驶速度合理设计和选择平面曲线半径。

车速:直接影响转弯时的惯性力和摩擦力。在高速公路上,车速通常比在城市道路和乡村道路上更高,因此,其平面曲线半径应该相应地更大。此外,对于大型货车和客车等重载车辆,平面曲线半径也应该更大。

行驶稳定度:如果平面曲线半径过小,车辆在转弯时会产生较大的侧向力和侧倾力,影响行驶稳定度,甚至可能导致车辆侧翻。因此,在选择平面曲线半径时,需要确保车辆能够稳定行驶。

乘坐舒适度:平面曲线半径过小,车辆在转弯时会产生较大的横向加速度和冲击力,影响乘坐舒适度。因此,在选择平面曲线半径时,需要考虑乘坐舒适度,避免车辆产生明显的颠簸和震动。

经济性:平面曲线半径的选择也与经济性有关。如果平面曲线半径过小,需要进行大量的侧向加速度和向心力调节,从而增加车辆燃料的消耗和损耗。因此,在选择平面曲线半径时,需要考虑经济性,尽可能减少车辆燃料的消耗和损耗。

地形条件:如果道路经过山区或者地形较陡峭,平面曲线半径应该更大,以确保车辆安全通过弯道。如果道路位于平缓的地形上,曲线半径可以相对较小。

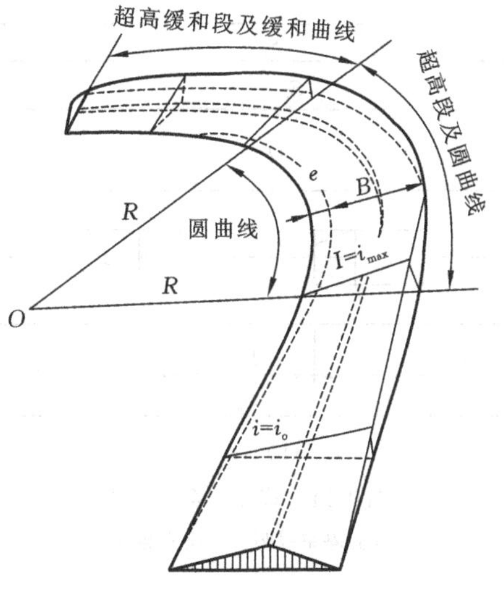

图 4-10 平面曲线半径

表 4-2 平面曲线半径参数

项目	道路类型			
	城市快速干道	城市主干道	城市次干道	场地道路
设计行车速度/($km \cdot h^{-1}$)	60～80	40～60	30～40	15～25
不设超高的最小曲线半径/m	500～1500	250～500	150～250	100～125
最小曲线半径/m	150～500	60～150	40～60	15～25

2. 停车、会车视距

在场地道路设计中，停车、会车视距，反应距离，制动距离和安全距离是确保交通安全和行车舒适的重要技术指标。停车视距是指驾驶员从发现障碍物到车辆完全停止所需的最短距离，包括反应距离、制动距离和安全距离。会车视距是指两辆相对行驶的车辆在同一条车道上会车时，各自能够看到对方并采取避让措施所需的最短距离。如图 4-11 所示，停车视距(S_s)＝反应距离 L_1＋制动距离(S_t)＋安全距离(L_0)；会车视距(S_m)＝双向反应距离(L_1、L_2)＋双向制动距离(S_{t1}、S_{t2})＋安全距离(L_0)。

反应距离是指当驾驶人员发现前方的障碍物时，经过判断决定采取制动措施的那一瞬间到制动器真正开始起作用的那一瞬间汽车所行驶的距离。制动距离是指汽车从制动生效到汽车完全停住的这段时间内所走的距离。安全距离是指汽车完全停止后与障碍物间应保持的最小距离，一般为 5～10m。

一般而言，驾驶员的反应时间为 0.4～0.6s。危急情况下受惊吓时反应时间大多大于 1s，反应时间在 1.5s 以内属正常，当超过 2s 时则被认为不正常。

汽车的制动距离随车速的增加而成正比例增加，所以车速越快，跟车距离应越大。例如 100km/h 的行驶速度，1s 汽车可行驶约 28m，普通刹车距离为 40～50m，因此最短制动距离为 28＋50＝78m。也就是说，以 100km/h 的速度行驶，驾驶员意识到应进行紧急制动时，汽车应在 80m 外。

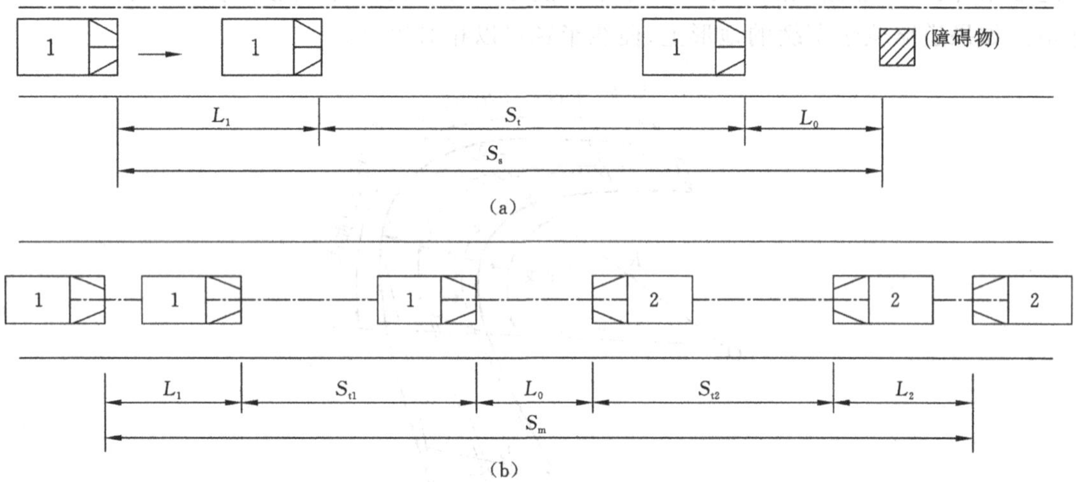

图 4-11 停车、会车视距

(a)停车视距；(b)会车视距

3. 平面曲线的视距保证

视距是指从一个观察点到另一个目标点的可见距离。通过合理设计平面曲线的视距，可以提供良好的视觉体验、交通安全和城市景观。(图 4-12)

4.6.2 纵断面设计

纵断面设计是指对道路的纵向剖面进行设计，包括道路的纵向坡度和高程。纵断面设计要考虑到道路的几何和交通特性，以确保车辆在道路上的行驶舒适度和安全性。纵断面设计还包括对雨水排放系统和路基排水系统的设计，以确保道路在降雨时排水顺畅。

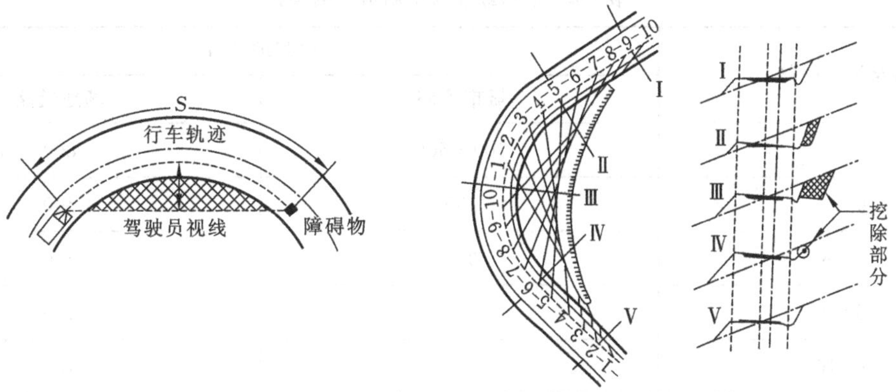

(a) (b)

图 4-12 平面曲线的视距保证

(a)曲线内侧的横净距;(b)视距清除包络线的确定

1. 基本要求

在场地道路纵断面设计中,线性平顺和行车安全是两个非常重要的要求。为了满足这些要求,设计者应该合理选择道路起点和终点的路面高度,并控制坡度和超高等因素,确保车辆能够平稳地行驶,快速通过路段,提高行驶的舒适度和安全性。同时,设计者应该尽可能减少工作量,提高设计效率,确保设计方案简单明了,减少土方量和建造成本。

应保证场地道路的排水,避免因积水而影响道路的使用和安全性。此外,地下管线的敷设和平面线性配合也是一个重要的因素,设计者应该合理选择控制点和坡度,保证道路和地下管线的协调。

确定控制点的标高也是一个非常重要的步骤,需要考虑到控制点之间的过渡性,保证道路纵断面的平顺性和舒适性。

2. 最大纵坡(表 4-3)

最大纵坡指的是根据道路等级、自然条件、行车要求及临街建筑等因素所限定的纵坡最大值,通常以百分比表示。这个参数在道路设计中至关重要,因为它直接影响到车辆的行驶安全和舒适度。

表 4-3 道路最大纵坡

城市道路	设计车速/(km·h^{-1})	最大纵坡(%)	场地道路	设计车速/(km·h^{-1})	最大纵坡(%)
交通道路	40～80	3～4	主干道	15～25	6～8
一般干道	30～40	4～6	次干道	10～20	8～9
支路	20～25	7～8	支路及车间引道	5～10	9～11

限制坡长是指在某一最大纵坡下,道路能够维持该坡度的最大距离。这是为了确保车辆在长时间爬坡或下坡过程中不会出现过度疲劳或危险的情况。

例如,在设计道路时,如果最大纵坡为 6%,则可能会规定该坡度下的最大坡长为 500m。若超过这个长度,就需要设置平缓段或减速带,以保证行车安全和舒适度。

总的来说,最大纵坡和限制坡长是道路设计中的重要参数,直接影响到道路的安全性和舒适度。设计时需要综合考虑各种因素,以确保道路的合理性和科学性。(表 4-4)

表 4-4 道路纵坡与限制坡长的关系

道路纵坡(%)	限制坡长/m	
	城市道路	场地道路
5～6	500～600	800
6～7	400	500
7～8	300	300
8～9		150
9～10		100
10～11		80

3. 不同路面的纵坡度

在纵断面设计中，路面类型不同，其最小与最大纵坡度也会有所不同。表 4-5 所示为常见路面的最大、最小纵坡度。

表 4-5 常见路面纵坡度

路面类型	纵坡度(%)	
	最小	最大
水泥混凝土路面	0.3	3.5
沥青混凝土路面	0.3	3.5
其他黑色路面	0.3	3.5
整齐石块(缸砖、小方石)路面	0.4	4.0
半整齐或不整齐石块路面	0.5	7.0
碎石、砾石等粒料路面	0.5	6.0
结合料稳定土壤路面	0.5	6.0
级配砂土路面	0.5	6.0

4.6.3 横断面设计

横断面设计是指对道路的横向剖面进行设计，确定道路的横截面形状和尺寸，包括路面宽度、路缘带、中央隔离带、人行道、自行车道等。设计横断面时要考虑到车行道的数量、车道宽度、车道坡度、路缘石高度等因素，以确保车辆和行人的安全和舒适度。

1.道路横断面组成

不同类型的道路，其横断面组成不同。图 4-13 所示分别为城市型道路、公路型道路的横断面组成。

2. 横断面形式

横断面形式包含单幅路、双幅路、三幅路和四幅路。单幅路为一个车道只有一条行车线的道路，双幅路为一个车道有两条行车线的道路，以此类推。(图 4-14)

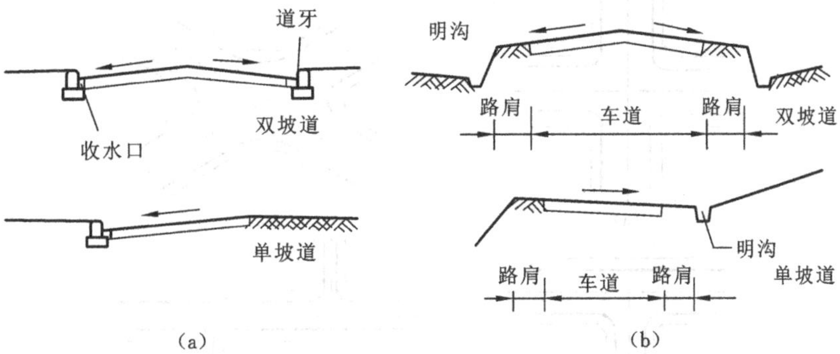

图 4-13 道路断面组成

(a)城市型道路;(b)公路型道路

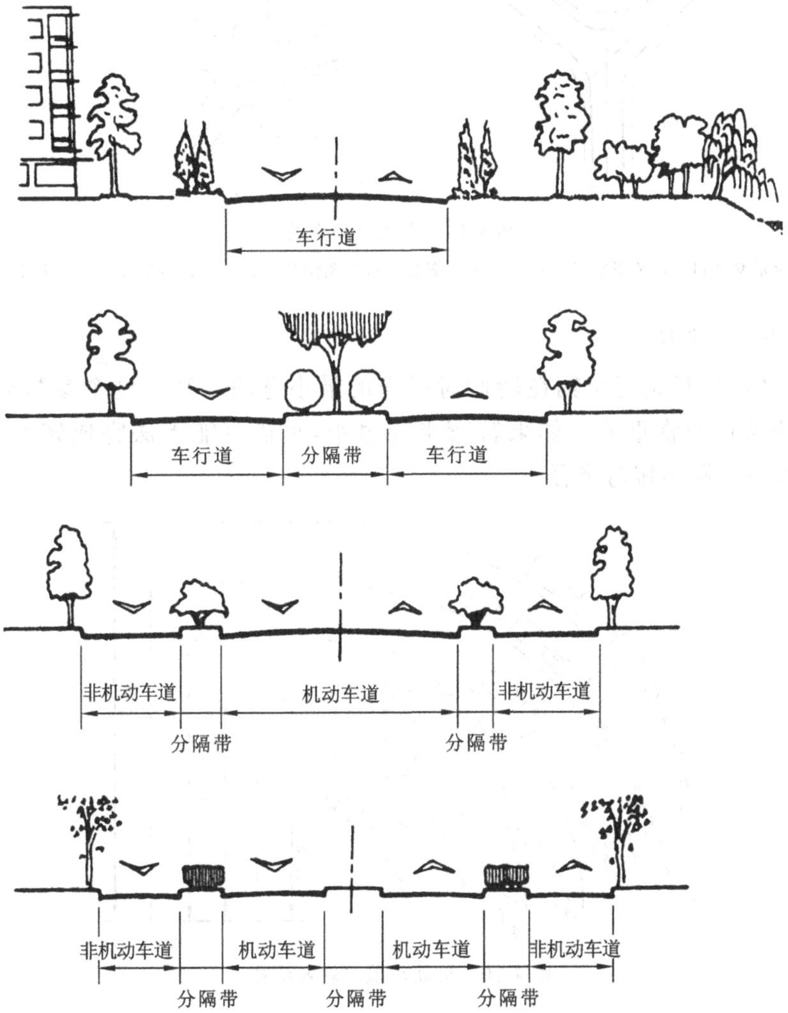

图 4-14 横断面形式

4.6.4 交叉路口设计

交叉路口是指道路或街道交叉的地方。在交叉路口,通常有两条及两条以上道路或街道相交或交汇;通常有交通信号、交通标志或标线来指示车辆和行人安全穿过。按照交叉路口的形状,可将其分为十字形交叉口、X 形交叉口等(图 4-15)。

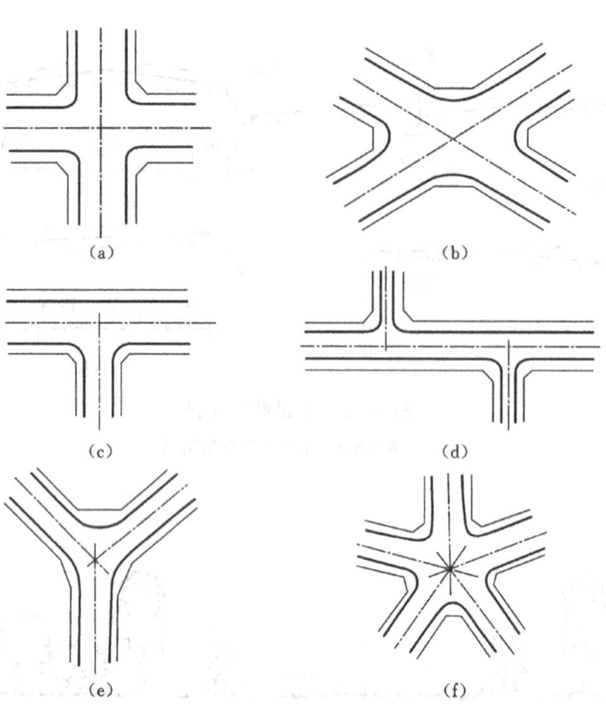

图 4-15　交叉路口形式

(a)十字形交叉口;(b)X 形交叉口;(c)丁字形交叉口;(d)错位交叉口;(e)Y 形交叉口;(f)复式交叉口

1. 机动车最小转弯半径

机动车最小转弯半径是指车辆在转弯时所需的最小弯曲半径。这个参数对于确保车辆安全、顺利地通过交叉口非常重要。如果转弯半径过小,车辆可能无法完成转弯或会发生碰撞。图 4-16 所示为机动车最小转弯半径。

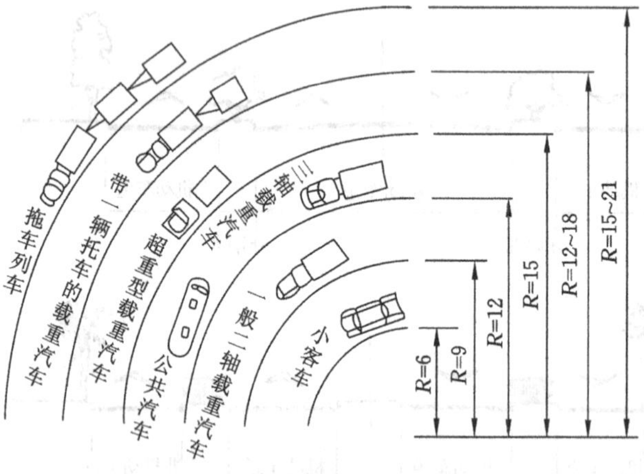

图 4-16　机动车最小转弯半径

2. 缘石转弯半径

缘石转弯半径是指在交叉路口设计中,为了确保车辆能够顺利转弯,沿着缘石行驶而不与其碰撞,需要遵循的最小弯曲半径(图 4-17)。缘石是道路边缘的石头或混凝土结构,用于分隔车行道和路边区域,具有导向和保护作用。

3. 交叉口视距

交叉口视距是指驾驶员在交叉口附近能够清晰地看到其他交通参与者(如来往车辆、行人

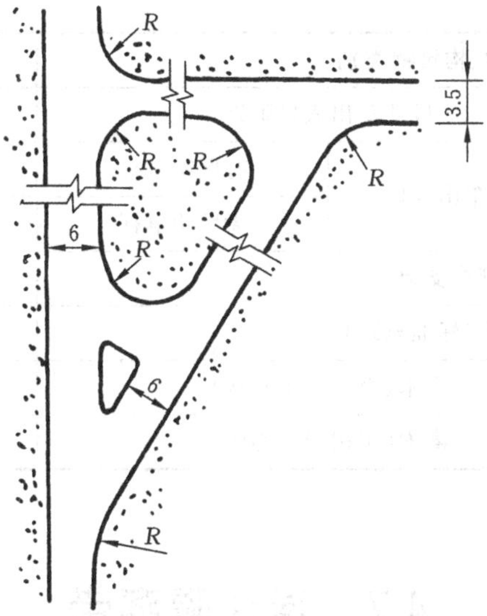

图 4-17 缘石转弯半径（单位：m）

等）的距离（图 4-18）。良好的交叉口视距对于交通安全至关重要，它可以提供足够的时间和空间，使驾驶员能够观察、判断和应对交叉口的交通情况。

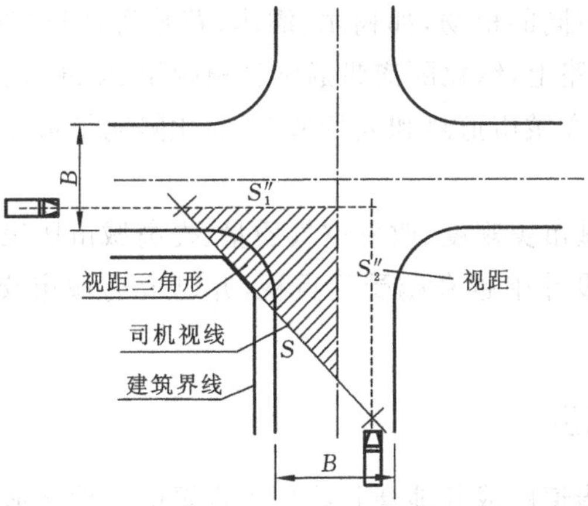

图 4-18 交叉口视距

4.6.5 道路和建筑物、构筑物的距离

道路和建筑物、构筑物之间的距离在城市规划和建筑设计中是一个重要的考虑因素。这种距离的安排对于交通流畅性、行人安全和建筑物的可用性都至关重要。表 4-6 所示为相邻建筑物、构筑物类别及其与道路的最小距离。

表 4-6 相邻建筑物、构筑物类别及其与道路的最小距离

相邻建筑物、构筑物类别			与道路的最小距离/m
建筑物外墙面	无出入口		1.5
	非汽车出入口		3.0
	有汽车出入口	引道为单车道	8.0
		引道为双车道	6.0

续表4-6

相邻建筑物、构筑物类别			与道路的最小距离/m
围墙	机动车出入口附近		6.0
	无机动车出入口	有照明电杆	2.0
		无照明电杆	1.5
各类管线支架			1.0～1.5
铁路中心线(标准轨距)			3.75
绿化	乔木(至树干中心线)		1.0
	灌木(至树干中心线)		0.5

4.7　绿化隔离带

绿化隔离带是指道路或其他交通区域中的绿色植物带,用于分隔车行道和人行道或其他交通设施。其作用是通过吸收噪声、减少空气污染、降低交通事故风险等方式改善城市交通环境。

绿化隔离带可以种植不同的植物,如树木、灌木、花草等,需要根据不同的交通场所和设计要求设计。例如,在高速公路上,绿化隔离带通常种植耐旱、耐寒、耐盐碱的乔木和灌木,以便抵御不同的气候和环境条件;在城市道路和人行道上,绿化隔离带可以种植各种美观、易于维护的花草等。

绿化隔离带可以增加城市美观度、改善空气质量、提高城市居民的生活质量等。因此,绿化隔离带在城市规划和交通设计中越来越受到重视,并已成为城市交通环境设计中的重要组成部分。

4.7.1　绿化隔离带的宽度

绿化隔离带的宽度是指道路或其他建筑物周围设置的绿地区域的横向距离,它的大小通常由城市规划、道路设计和环境保护等因素综合决定。表 4-7 所示为绿化隔离带的种植类型及其宽度。

表 4-7　绿化隔离带的种植类型及其宽度

种植类型		宽度/m
草皮与花丛		1.0～1.5
一行绿篱		0.6～0.7
一行灌木	低灌木	0.8
	中灌木	1.0
	高灌木	1.2
一行乔木及两行绿篱		2.5～3.0
一行乔木及一行绿篱		1.5～2.5
单行乔木		1.25～2.0

续表4-7

种植类型		宽度/m
双行乔木	错列种植	2.0～4.0
	并列种植	2.5～5.0

4.7.2 道路与绿化

道路的绿化是指在道路两侧或中央等地方进行植被的种植和布置，以增加道路环境的美观度和生态效益。道路绿化可以改善城市环境，提高居民的生活质量，同时也有助于保护生态平衡和生物多样性。在道路绿化的布置中，行道树的树穴和绿带布置是至关重要的设计元素。合理的树穴形状和绿带布置不仅能美化城市环境，还能保护树木健康、提升道路的生态效益。以下是关于行道树的树穴和绿带布置方式的具体介绍(图 4-19)：

1. 树穴的形状和布置方式

(1) 正方形树穴

特点：形状规整，适用于城市道路的标准化设计。

尺寸：通常边长为 1～2m，根据树木种类和树冠大小进行调整。

优点：施工方便、适应性强，较大的土壤表面积有利于树木根系的呼吸和生长。

应用场景：主要用于宽度较大的道路或广场，适合行道树种植密度较高的区域。

(2) 长方形树穴

特点：长方形设计能够提供更大的根系扩展空间。

尺寸：长宽比一般为 2∶1 或 3∶1，具体尺寸根据树木种类和道路宽度确定。

优点：有助于树木根系横向扩展，增强树木的稳定性。

应用场景：适用于街道两侧人行道较窄的区域或树木与建筑物之间的距离有限的场所。

(3) 圆形树穴

特点：形状自然，视觉效果好，适合景观美化。

尺寸：直径通常为 1～1.5m，根据树木种类和周围环境进行调整。

优点：圆形设计可以更好地集中根系的生长，减少机械损伤，视觉上更和谐自然。

应用场景：多用于公园、广场等注重美观效果的公共空间。

2. 行道树绿带的布置方式

(1) 连续绿带

特点：行道树种植在连续的绿化带中，绿化带内通常种植草坪、灌木或其他地被植物。

优点：提供更大的绿化面积，增加生态效益和美观效果；有助于改善城市小气候，增加绿化量。

应用场景：适用于宽阔的城市主干道、林荫大道和大型公共场所。

(2) 断续绿带

特点：行道树种植在断续的绿化带中，绿化带之间有硬质铺装或其他设施。

优点：布置灵活，可适应不同的城市功能需求；有利于停车位、步道等设施的布置。

应用场景：适用于商业街区、步行街、公共停车场周边等区域。

(3) 独立树穴

特点：行道树单独种植在独立的树穴中，树穴之间有硬质铺装或其他设施。

优点：施工简单，便于维护，适应各种复杂的城市道路环境。

应用场景：适用于人行道较窄、绿化面积有限的城市次干道和支路。

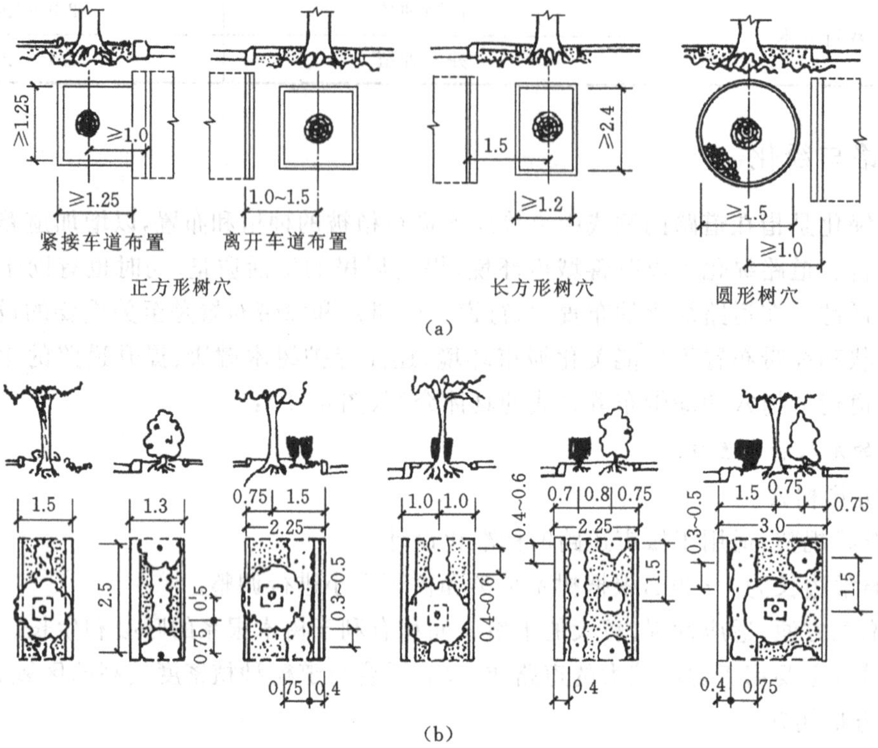

图 4-19 道路与绿化（单位:m）

(a)行道树的树穴；(b)行道树绿带

4.8 停 车 场

停车场(库)是供各种车辆(机动车和非机动车)停放的露天或室内场所。车辆的停放是一个静态的交通问题。停车场设计是场地交通组织的必要内容，是场地设计的重要组成部分。

4.8.1 停车场的类型

采用不同的划分标准，可以将停车场划分为不同的类型，如表 4-8 所示。

表 4-8 停车场的类型

划分标准	类型
用地性质	路内停车场地、路外停车场地
车辆性质	机动车停车场(库)、非机动车停车场(库)
服务对象	专用停车场、公共停车场
建筑类型	地面停车场、独立停车场、地下停车库、单层或多层停车库、封闭或开敞停车库
停车数量	特大型停车场(＞500 辆)、大型停车场(301～500 辆)、中型停车场(51～300 辆)、小型停车场(≤50 辆)

4.8.2 停车场的组成

停车场由出入口、车辆停放区、辅助设施、停车场绿化和停车场服务设施组成。

1. 出入口

停车场的入口和出口是车辆进出的主要通道,因此需要合理设计。在选择出入口的位置时,应该考虑到周边道路的情况,以确保车辆的出入不会影响到周边交通的畅通。

2. 车辆停放区

车辆停放区是停车场的核心部分,包括车位和通道。在设计车位时,需要考虑车辆的大小和停车场的容量,以确保车位数量能够满足停车需求。此外,通道的设计至关重要,要合理设计通道宽度,既确保车辆进出通畅,又保证车辆行驶安全。

3. 辅助设施

停车场还应该配备一些辅助设施,如车辆导向标志、指示牌、安全带、地磁感应器等。这些设施既可以提高车辆停车的效率和安全性,又能够方便车主找到自己的车位。

4. 停车场绿化

为了美化停车场的环境,提升市民停车的舒适度和体验感,停车场还应该配备一些绿化设施,如花坛、草坪、树木等,以增加停车场的美观度和生态性。

5. 停车场服务设施

停车场服务设施包括停车场管理人员的办公室、洗车店、充电桩等服务设施。这些设施可以提高停车场的管理水平和服务质量,同时还能提升车主的停车和使用体验。

4.8.3 停车场选址

停车场选址是一个重要的决策,因为它关系到城市交通的顺畅和市民的出行体验。在选择停车场的位置时,需要考虑到城市总体规划的要求,并确保公共机动车停车场(库)的服务半径在市中心地区不大于 200m,在一般地区不应大于 300m。对于公共自行车停车场(库),其服务半径应为50～100m,并且不应大于 200m。

停车场的选址应该靠近主要交通源,以便与停车需求相适应。车辆停放点到出行目的地之间的距离应该在合理范围内,对于机动车来说,这个距离宜为 200～400m,而对于非机动车来说,这个距离宜为 50～100m。

选址时,应确保所选停车场位置便于车辆出入,且不会影响城市环境和妨碍道路的畅通。同时,应合理设计停车场出入口,以创造便利的交通条件。

此外,在选择停车场的位置时,还需要考虑到工程地质、水文地质等方面的条件,以确保停车场的建设和使用安全可靠。

4.8.4 停车场的设计原则

停车场的设计旨在提供高效、安全和方便的停车环境,以满足用户的需求。停车场设计需遵循以下一些基本原则:

① 符合城市规划与交通管理的要求,出入口应避开城市主要干道及主要交叉路口。

② 合理选用设计指标。

③ 分区明确,交通流畅,技术合理。

④ 综合考虑各种工程和附属设施。

⑤ 为发展留有余地。

4.8.5 停车场的布置形式

停车场的布置形式对于车辆的停放以及车流量的管理起着至关重要的作用。常见的停车场布置形式包括路边停车、港湾式停车场和袋形停车场，每种布置形式都有其独特的停车方式和优势。

1. 路边停车

路边停车的优点是节约用地，停车场地布置灵活、使用方便，但也存在流线混杂的问题(图 4-20)。

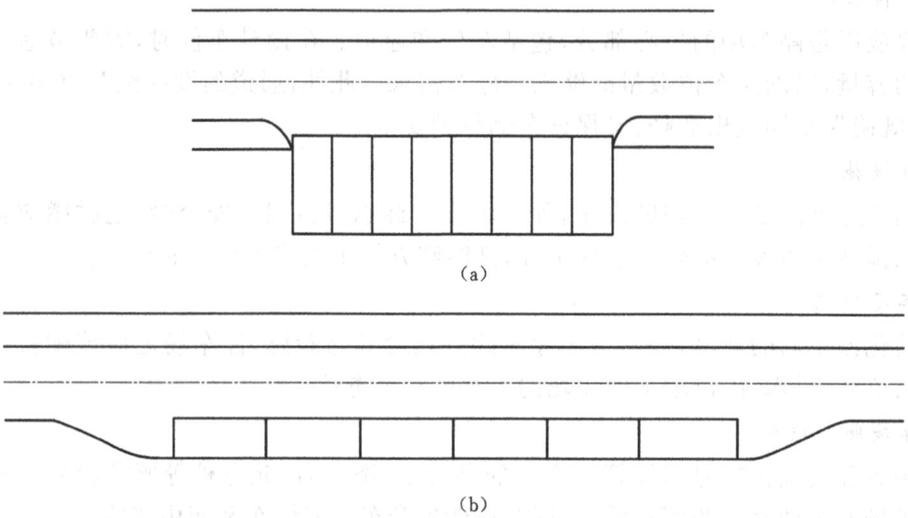

图 4-20 路边停车

(a)垂直式停车；(b)平行式停车

2. 港湾式停车场

港湾式停车场的特点是自成一体，便于管理，车辆出入方便，且对周边道路影响小(图 4-21)。

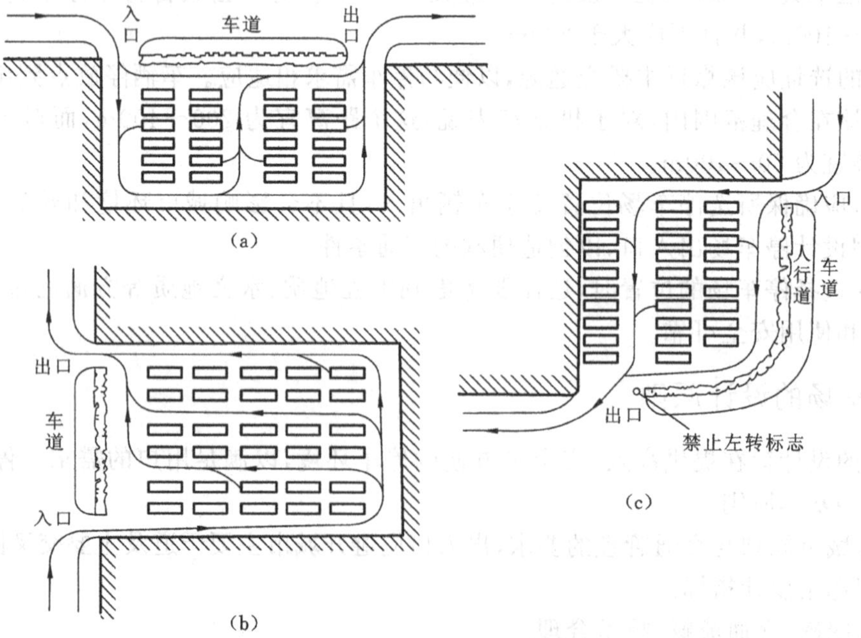

图 4-21 港湾式停车场

(a)车辆垂直于通道；(b)车辆平行于通道；(c)转角处的港湾式停车场

3. 袋形停车场

袋形停车场的特点是整体用地紧凑，布置灵活，停车场内为封闭管理，对周边道路影响小，但停车位数量有限(图 4-22)。

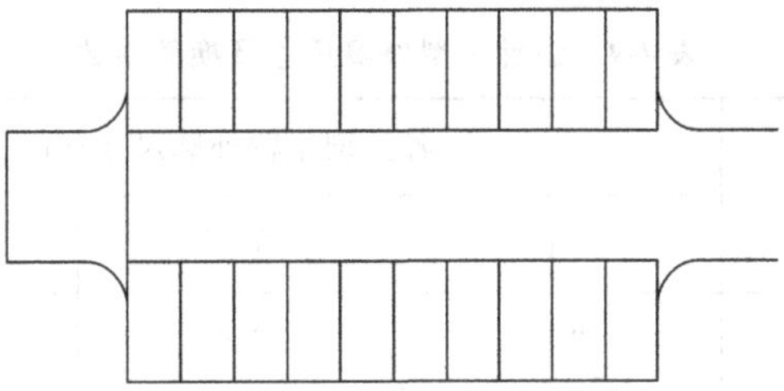

图 4-22 袋形停车场

4.8.6 停车场的技术参数

停车场的技术参数是指在规划和设计停车场时需要考虑的各种技术指标和要素，包括停车场的出入口、标准车尺寸、车辆类型及基本尺寸等。

1. 停车场的出入口

停车场的出入口是车辆进入和离开停车场的关键部分，其设计应考虑流量控制、安全性和便利性等因素。图 4-23 所示为停车场出入口。停车场出入口设计应遵循以下要点：

(1) 一般情况下，机动车停车场的出入口不宜少于两个，且出口、入口宜分开设置。

(2) 车位数不大于 50 时，可设置一个出入口。车位数为 51～500 时，设置两个出入口。车位数大于 300 时，出口、入口分开设置。车位数大于 500 时，出入口不少于 3 个。

(3) 一般而言，出入口之间的距离需大于 15m，出入口的宽度应不小于 7m。条件困难时，单向行驶的出入口宽度应不小于 5m。人员的出入口可设在车辆出入口的一边或两边，宽度大于两个人的行走宽度。

(4) 出入口需提供良好的视距。

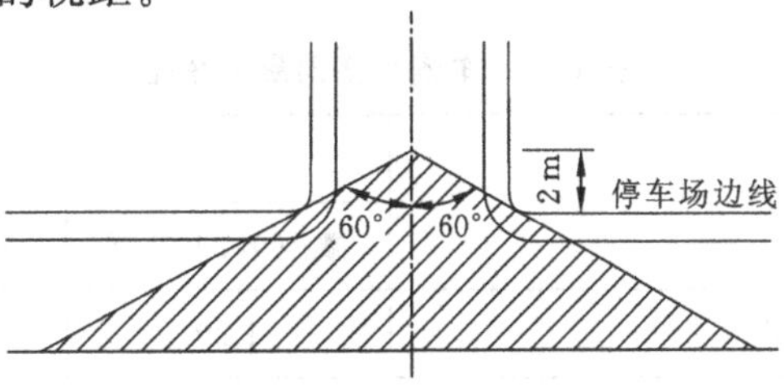

图 4-23 停车场出入口

2. 标准车尺寸

标准车(图 4-24)是指 4～5 座的小型车辆。标准车的几何尺寸为 5.00m(长)×2.00m(宽)×2.20m(高)。其他型号的车辆按一定的换算系数折算。

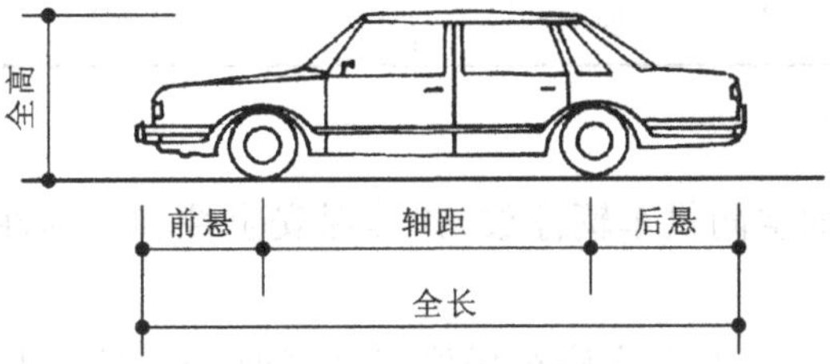

图 4-24 标准车

3. 车辆类型及基本尺寸

车辆的类型及尺寸影响到单位停车面积、车位的尺寸、车库的高度、通道和候车道的宽度等。表 4-9 所示为设计车型外廓尺寸及换算系数。

表 4-9　设计车型外廓尺寸及换算系数

车辆类型		各类型车辆外廓尺寸/m			换算系数
		总长	总宽	总高	
微型车		3.8	1.6	1.8	0.7
小型车		4.8	1.8	2.0	1.0
轻型车		7.0	2.25	2.75	1.5
中型车	客车	9.0	2.5	3.2	2.0
	货车	9.0	2.5	4.0	
大型车	客车	12.0	2.5	3.5	2.5
	货车	11.5	2.5	4.0	
铰接车		18.0	2.5	4.0	3.5

注：1.三轮摩托车可按微型汽车尺寸计算；

2.两轮摩托车可按自行车尺寸计算；

3.车辆换算系数是按面积换算。

4. 车辆纵横向净距

车辆纵横向净距是指车辆的最小可通行空间，用于确定车辆在行驶过程中与障碍物（如其他车辆、道路边缘、障碍物等）之间的最小安全间隔（表 4-10）。

表 4-10　车辆纵横向最小净距　单位：m

项目		机动车类型		
		微型车、小型车	轻型车	中型车、大型车
平行式停车时机动车间纵向净距		1.20	1.20	2.40
垂直式、斜列式停车时机动车间纵向净距		0.50	0.70	0.80
机动车间横向净距		0.60	0.80	1.00
机动车与柱间净距		0.30	0.30	0.40
机动车与墙、护栏及其他构筑物间净距	纵向	0.50	0.50	0.50
	横向	0.60	0.80	1.00

5. 停车位的基本尺寸

停车位应能提供足够的空间供车辆停放，并确保安全性和便利性。停车位的设计应遵循以下基本原则：

① 停车位的基本尺寸以标准车或停车场停车高峰时停车量最大的车型确定。

② 一般停车位尺寸取 3.00m×6.00m 比较理想，为便于残疾人上下车，可将车位宽度增加 0.5m。

6. 停车位的面积

停车位的面积取决于停放的车辆数量、停车位尺寸以及车道和通道的布局。以下是关于停车位面积的一些基本参数：

① 标准停车位面积：室外停车场为 25～30m^2，室内车库为 30～40m^2。

② 摩托车停车位面积为 2.5～2.7m^2，自行车停车位面积为 1.5～1.8m^2。

7. 建筑配建机动车停车位建议指标

建筑类型不同，其所需要的机动车停车位也会不同。表 4-11 所示为常见建筑配建机动车停车位建议指标。

表 4-11 建筑物配建停车位指标参考值(《城市停车规划规范》(GB/T 51149—2016)

建筑物大类	建筑物子类	单位	机动车停车位指标下限值	非机动车停车位指标下限值
居住	别墅	车位/户	1.2	2.0
	普通商品房	车位/户	1.0	2.0
	限价商品房	车位/户	1.0	2.0
	经济适用房	车位/户	0.8	2.0
	公共租赁住房	车位/户	0.6	2.0
	廉租住房	车位/户	0.3	2.0
医院	综合医院	车位/100m^2(建筑面积)	1.2	2.5
	其他医院(包括独立门诊、专科医院等)	车位/100m^2(建筑面积)	1.5	3.0
学校	幼儿园	车位/100 师生	1.0	10.0
	小学	车位/100 师生	1.5	20.0
	中学	车位/100 师生	1.5	70.0
	中等专业学校	车位/100 师生	2.0	70.0
	高等院校	车位/100 师生	3.0	70.0
办公	行政办公	车位/100m^2(建筑面积)	0.65	2.0
	商务办公	车位/100m^2(建筑面积)	0.65	2.0
	其他办公	车位/100m^2(建筑面积)	0.5	2.0
商业	宾馆、旅馆	车位/客房	0.3	1.0
	餐饮	车位/100m^2(建筑面积)	1.0	4.0
	娱乐	车位/100m^2(建筑面积)	1.0	4.0
	商场	车位/100m^2(建筑面积)	0.6	5.0
	配套商业	车位/100m^2(建筑面积)	0.6	6.0

续表4-11

建筑物大类	建筑物子类	单位	机动车停车位指标下限值	非机动车停车位指标下限值
商业	大型超市、仓储式超市	车位/100m²(建筑面积)	0.7	6.0
	批发市场、综合市场、农贸市场	车位/100m²(建筑面积)	0.7	5.0
文化体育设施	体育场馆	车位/100座位	3.0	15.0
	展览馆	车位/100m²(建筑面积)	0.7	1.0
	图书馆、博物馆、科技馆	车位/100m²(建筑面积)	0.6	5.0
	会议中心	车位/100座位	7.0	10.0
	剧院、音乐厅、电影院	车位/100座位	7.0	10.0
工业和物流仓储	厂房	车位/100m²(建筑面积)	0.2	2.0
	仓库	车位/100m²(建筑面积)	0.2	2.0
交通枢纽	火车站	车位/100高峰乘客	1.5	—
	港口	车位/100高峰乘客	3.0	—
	机场	车位/100高峰乘客	3.0	—
	长途客车站	车位/100高峰乘客	1.0	—
	公交枢纽	车位/100高峰乘客	0.5	3.0
游览场所	风景公园	车位/公顷占地面积	2.0	5.0
	主题公园	车位/公顷占地面积	3.5	6.0
	其他游览场所	车位/公顷占地面积	2.0	5.0

8. 车辆停放方式

车辆停放方式包括平行式、垂直式和斜列式三种。

(1) 平行式

平行式停放方式(图4-25)的特点是整体场地狭长，车辆出入方便、迅速，适用于多种车型，但要求单位停车面积较大。

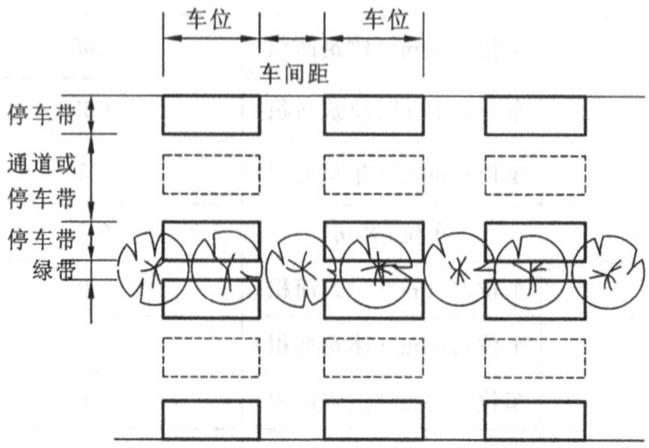

图4-25 平行式停放方式

(2) 垂直式

垂直式停放方式(图 4-26)的特点是停车紧凑,单位停车面积较小,节省用地,车辆驶出便利。

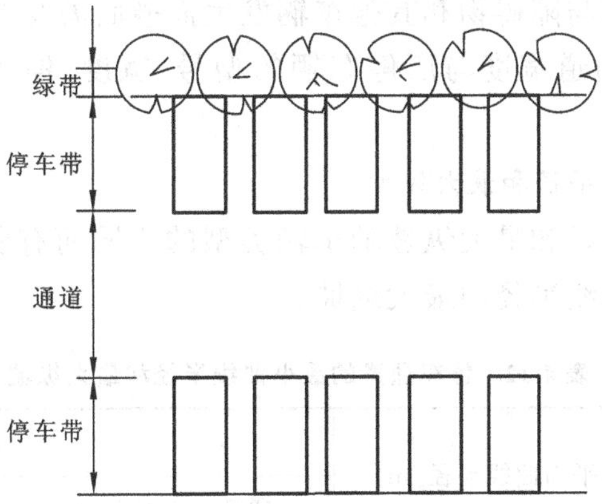

图 4-26 垂直式停放方式

(3) 斜列式

斜列式停放方式(图 4-27)的特点是对场地的适应性比较强,车辆停放灵活、出入方便,单位停车面积比垂直式停车的大。

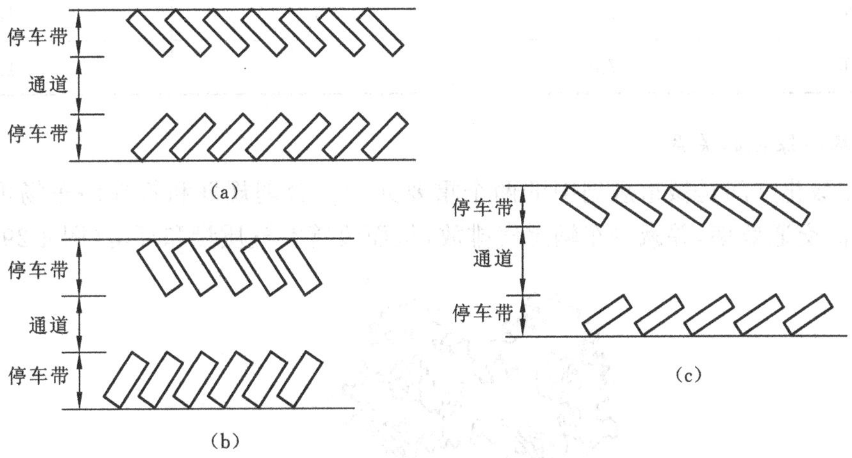

图 4-27 斜列式停放方式

(a)45°停车;(b)60°停车;(c)30°停车

9. 车辆停驶方式

车辆停驶方式(图 4-28)包括前进停车、后退发车,后退停车、前进发车,前进停车、前进发车三种。

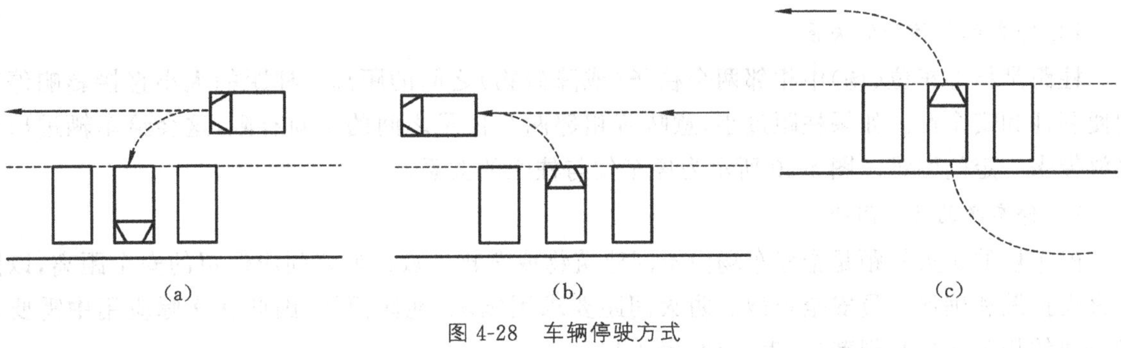

图 4-28 车辆停驶方式

(a)前进停车、后退发车;(b)后退停车、前进发车;(c)前进停车、前进发车

10. 车辆的回转及通道

机动车回转及通道的设置，直接关系到车辆出入、停放的安全和通畅。机动车的回转轨迹是保证车辆在转弯时车辆不与障碍物和其他车辆发生擦撞而需要的最小宽度，其和车辆的转弯半径有关。停车场(库)的通道宽度与所停车辆的型号、宽度、停车方式、转弯半径、车道数等有关。

11. 停车通道的最小曲线半径和最大纵坡

停车通道的最小曲线半径和最大纵坡随车辆类型的不同而有所变化。表 4-12 所示为车辆类型及其对应的最小平面曲线半径和最大纵坡。

表 4-12 停车通道的最小曲线半径和最大纵坡

车辆类型	最小平面曲线半径/m	最大纵坡	
		通道直线坡度(%)	通道曲线坡度(%)
铰接车	13.0	8	6
大型汽车	13.0	10	8
中型汽车	10.5	12	10
小型汽车	7.0	15	12
微型汽车	7.0	15	12

12. 停车场与绿化的关系

停车场和绿化空间是城市规划中的两个重要元素。合理规划和管理停车场可以减少城市交通拥堵，提高交通效率，并减少车辆尾气排放，从而改善空气质量和环境(图 4-29)。

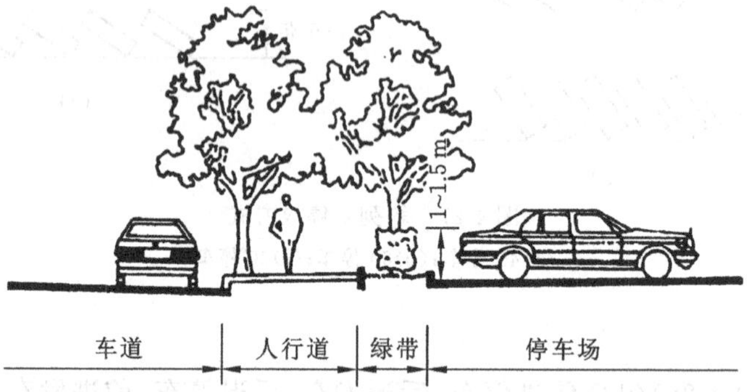

图 4-29 停车场与绿化的关系

13. 停车位与柱距的关系

柱距是指停车位(场)中相邻两个柱子(或障碍物)之间的距离。柱距的大小直接影响停车的便利性和安全性。如果柱距过小，意味着相邻两个柱子之间的空间有限，这会给车辆进出和停放带来一定的困难。图 4-30 所示为停车位与柱距的关系。

14. 停车场的防火间距

停车场的防火间距是指停车场内不同建筑物或车辆停放区域之间应保留的安全距离，以防止火灾扩散和确保人员安全疏散。防火间距要求因国家、地区而异，因此在实际应用中需要参考当地的相关法规和规范。(表 4-13、表 4-14)

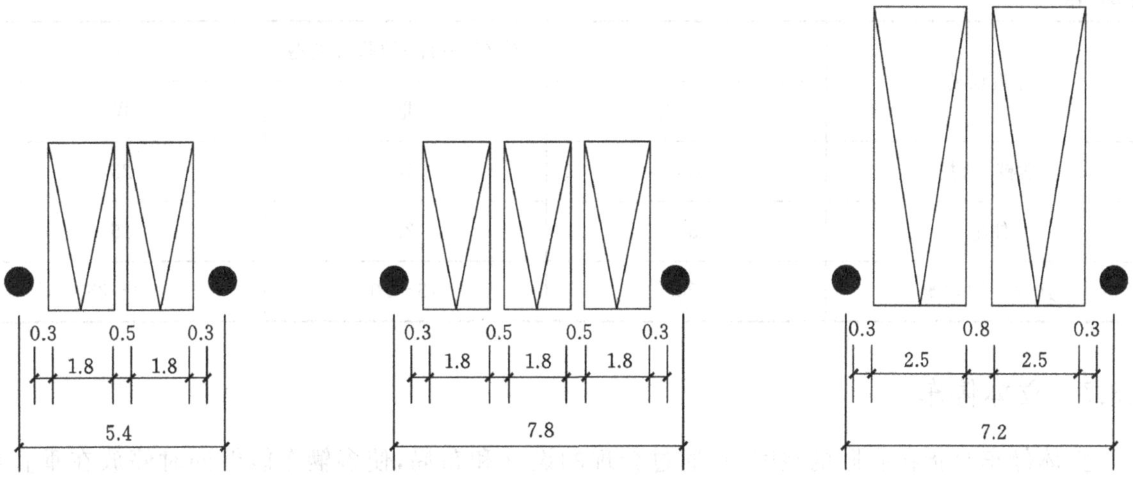

图 4-30　停车位与柱距的关系（单位：m）

表 4-13　停车场（库）的防火分类

名称	防火类别			
	Ⅰ	Ⅱ	Ⅲ	Ⅳ
停车库	＞300 辆	151～300 辆	51～150 辆	≤50 辆
修车库	＞15 个车位	6～15 个车位	3～5 个车位	≤2 个车位
停车场	＞400 辆	251～400 辆	101～250 辆	≤100 辆

表 4-14　停车场（库）的防火间距　　单位：m

名称和耐火等级	汽车库、修车库		厂房、仓库、民用建筑		
	一、二级	三级	一、二级	三级	四级
一、二级汽车库、修车库	10	12	10	12	14
三级汽车库、修车库	12	14	12	14	16
停车场	6	8	6	8	10

15. 停车场的卫生间距

停车场的卫生间距是指停车场与周围建筑物、设施（如卫生间）之间的最小安全距离。这一距离是为了确保停车场的使用安全，满足通风、防火等方面的要求而设定的。停车场（库）和其他建筑物的卫生间距通常根据建筑法规、建筑设计标准和当地规定进行规划和设置。（表 4-15）

表 4-15　停车场（库）与其他建筑物的卫生间距　　单位：m

邻近设施	停车场（库）的防火类型		
	Ⅰ～Ⅱ	Ⅲ	Ⅳ
医疗机构	250	50～100	25

续表4-15

邻近设施	停车场(库)的防火类型		
	Ⅰ～Ⅱ	Ⅲ	Ⅳ
学校、幼托	100	50	25
住宅	50	25	15
其他民用建筑	20	15～20	10～25

4.8.7 立体停车

立体停车是指在有限的空间内，通过合理的设计和布局，使多辆车能够同时停放在垂直或水平方向上的多层或多列停车位中，以提高停车位的利用效率。它通常用于解决停车位不足的问题，特别是在城市中心区域或拥挤的地方。

(1) 坡道式车库

按照坡道的线形，坡道式车库分为直线坡道车库和曲线坡道车库。直线坡道车库主要有整层长坡道式、半层短坡道式(即错层式)和倾斜楼板式等形式。曲线坡道车库则有整圆形(螺旋式)坡道车库和半圆形坡道车库等。(图 4-31)

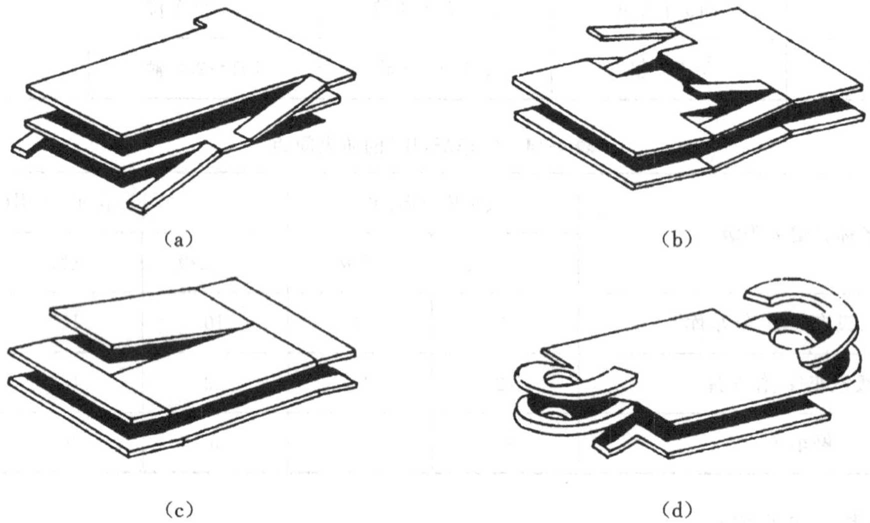

图 4-31 坡道式车库

(a)整层长坡道式；(b)半层短坡道式；(c)倾斜楼板式；(d)螺旋坡道式

(2) 电梯式立体车库

电梯式立体车库是一种智能化的停车系统，它通过垂直升降的方式来实现多层次停车布局，可节省空间并提高停车效率。它具有自动化操作、高安全性和方便快捷等特点，能够在有限的空间内停放更多车辆，减少停车时间和拥堵问题，但建设和维护成本相对较高。(图 4-32)

(3) 双层停车库

双层停车库是一种通过垂直升降或横向移动等方式，将停车位叠加在一起的停车设施。它的特点是可以在有限的场地内提供更多的停车位，以提高场地利用率。(图 4-33)

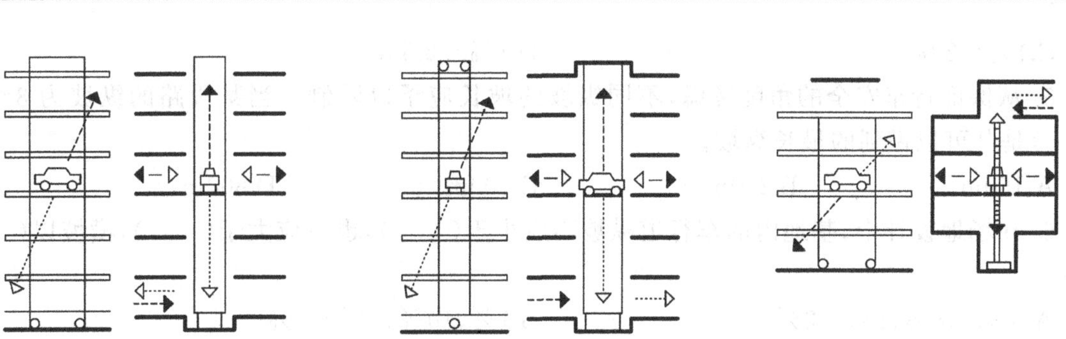

图 4-32 电梯式立体车库

(a)停车与井道成直角;(b)停车与井道平行;(c)地下车库

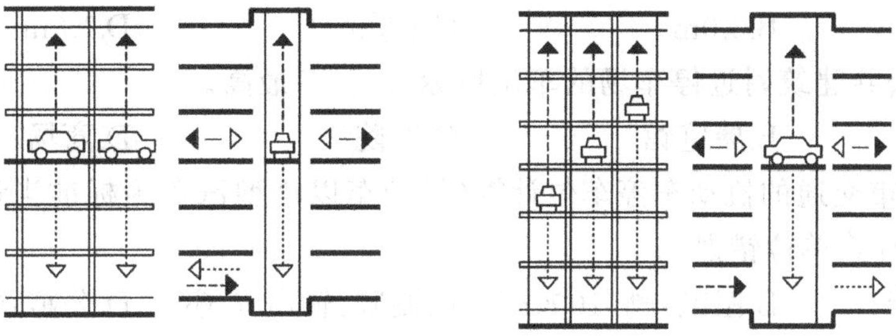

图 4-33 双层停车库

(a)停车与井道成直角;(b)停车与井道平行

复习思考题

1. 在道路布置中,必须满足各种使用功能的要求,下列选择中(　　)属于此范围。

Ⅰ.各种交通运输的要求;Ⅱ.车行及人行安全的要求;Ⅲ.建筑布置有较好朝向的要求:Ⅳ.与绿化、工程技术设施统一协调的要求

A.Ⅰ、Ⅱ、Ⅲ、Ⅳ　　B.Ⅰ、Ⅱ、Ⅲ

C.Ⅰ、Ⅱ、Ⅳ　　D.Ⅰ、Ⅱ

2. 在山地城市中进行路网布置时可采用下列手法,其中较经济的是(　　)

Ⅰ.环状沿山丘布置;Ⅱ.枝状尽端式布置;Ⅲ.设隧道布置;Ⅳ.架设路桥布置;Ⅴ.平行盘旋延长路线,减缓纵坡布置

A.Ⅰ、Ⅱ　　B.Ⅰ、Ⅱ、Ⅴ

C.Ⅰ、Ⅱ、Ⅳ　　D.Ⅲ、Ⅴ

3. 设在道路两侧的人行道,最小宽度(　　)。

A.可小于 1m　　B.不小于 1m

C.不小于 1.5m　　D.不小于 2m

4. 基地人行道的纵坡不应大于 8%,横坡应为(　　)。

A.1.5%～2.5%　　B.0.5%～1.5%

C.1%～2% D.1%～2.5%

5. 从保证行车安全的角度考虑，不同纵坡的坡长应予以限制。当某段路的纵坡为8%时，(　　)是其可以做到的最长纵坡。

A.150m B.200m C.500m D.800m

6. 在场地设计中，基地内的车行道纵坡不应小于(　　)，也不应大于(　　)，横坡以(　　)为宜。

A.0.3%，8%，1%～2% B.1%，10%，1%～5%

C.0.5%，8%，1.5%～2.5% D.1%，8%，1%～5%

7. 停车场种植的庇荫乔木可选择行道树种。其树枝下高度应控制在(　　)m。

A.3 B.4 C.2.5～4.5 D.6

8. 道路路面边缘与乔木中心的最小间距是(　　)。

A.2.5m B.2.0m C.1.5m D.1.0m

9. 以下几种公共建筑附近停车场的车位指标，(　　)最高。

A.办公楼 B.展览馆 C.医院 D.商场

10. 关于大城市交通的机动车停车位计算(机动车以小型汽车为标准当量)，有不同的计算单位，以下(　　)计算单位错误。

A.旅馆：辆/床 B.医院：辆/1000m^2 C.剧院：辆/100座 D.公寓：辆/套

参考答案

5 绿化设计

绿化设计

学习目标和要求

1. 掌握绿化设计在保护环境、功能应用和美化环境中的作用。

2. 了解公共绿地、居住绿地、交通绿地、附属绿地、风景区绿地和生产防护绿地等不同的绿地类型。

3. 了解乔木、灌木、藤本、竹类、花卉和草皮等植物的选择和种植要点。

4. 掌握绿化布置的一般要求;了解不同的绿化布置方法及要点。

绿化设计是实现场地基本功能的重要环节,也是场地设计的重要组成部分。绿化布置对场地使用者的视觉景观和心理体验具有重要影响。绿化设计不应仅被视为优化场地设计和建筑布局的补充手段,而应作为场地设计的主体部分纳入设计活动中。

从使用的基本需求方面来看,不同空间层次的绿化对场地使用者的视觉景观起到引导作用,对某些特定的建筑空间进行视觉限定,是建筑空间设计手段的延续和建筑人工环境的补充。同时,建筑环境的绿化布置可优化场地使用者在建筑空间中的心理体验,提高健康人居环境的品质。绿化布置这一"软质",作为建筑建材这一"硬质"的相对面,体现了建筑与环境之间"图与底"的拓扑关系,是人与自然和谐共处的哲学观。

克里斯托弗·亚力山大在《建筑模式语言》中写道,只有当人们认识到植被创造空间的能力时,他们才会感到植被真正的存在价值和意义。在场地使用过程中,绿化设计和建筑设计都是场地环境的重要组成部分,两者之间是相互影响、相互协调的。

绿化设计是未来实现可持续发展和建造绿色海绵城市的基本要素,在城市和场地建设层面将发挥重要作用。它可提供大量的生态系统服务,如减少城市热岛效应、城市径流等。在可持续建筑环境的背景下,应将场地绿化配置纳入整个城市绿色基础设施系统中,以支持城市生物多样性和自然生态的稳定。同时,在建筑物的整个生命周期中,绿色植被也通过隔热和隔声等物理方式使建筑物使用者受益,转化为建筑使用的经济效益。所以,从宏观层面而言,不应将场地绿化设计简单地视为一个单一对象,而应将其视为城市绿化配置的过程。

5.1 绿化的作用

5.1.1 保护环境

1. 调节气候(气温、湿度、气流)

植物通过蒸腾作用和呼吸作用等生命形式可以有效调节场地环境的微气候(图 5-1)。蒸腾作用广泛存在于植物的根、茎、叶等器官中,是植物运输水分和吸收养分的主要动力,蒸腾作用可为周边大气提供大量的水蒸气，形成空气对流，使场地微气候保持湿润，降低气温，形成良性循环。

图 5-1　植物调节微气候

2. 净化空气、水体和土壤

植物通过光合作用等生命形式可以吸附二氧化硫、二氧化氮、PM10、PM2.5 等有毒气体和颗粒物，同时吸收空气中的二氧化碳（即“固碳”作用）。光合作用是植物通过光能和叶绿体等将二氧化碳与水反应生成有机物与氧气的过程（图 5-2）。场地内成丛的植被能够显著提高氧气浓度，产生一定量的臭氧离子，从而提高场地使用者的舒适度。

图 5-2　植物的光合作用

3. 降低环境噪声

单株及高低不同的植物群落均可以显著降低噪声传播的分贝量。植被阻挡是阻断噪声传播三个层面中的“在传播途中减小噪声”。植被的树叶、枝干组成不规则的声音迎接面，吸收并反射消减声波能量。以被子植物为例，声波能量经过叶片表层细胞后，被叶肉组织的栅栏与海绵等组织吸收。不同声波能量在叶面反射时，经波峰相位与波谷相位的消减，声波能量会被削弱，从而达到降低分贝的目的(图 5-3)。

图 5-3 植物对声波的反射作用

4. 监测有害气体

大气污染直接威胁人类与植物的健康。但是，植物没有如动物般趋利避害的行为能力，且植物结构相对简单，难以有效应对环境中的各类不利因素。所以，在有害环境中，植物对环境的敏感程度远超人类。植物在有害气体浓度较低时便会表现出受害症状，且症状直观可见，如叶片褪色、坏死等，因此，植物可以作为早期预警系统。

5. 安全防护

植物对场地构成要素有良好的防护作用。植物的根系能有效防风固土，避免边坡路基等受到大气雨水、地表径流和风的侵蚀，减少水土流失和土壤沙化。植物的叶片、茎干部分可阻挡阳光对建筑实体、景观小品等的直晒，从而降低建筑物表面的温度，调节场地微气候。

5.1.2 具有一定的使用功能

绿化空间可供人们进行娱乐休闲、文化宣传、科普教育、疗养健身等活动。绿化空间中由植被构成的各类微小空间，由于其普适性能够满足场地使用者的多种交流互动需求，故场地使用者的一切活动都可以围绕植被展开。

5.1.3 美化环境

绿色空间可以丰富空间层次，美化环境，衬托建筑，增加艺术效果。在绿化设计中，创造足够的绿色空间至关重要，这需要设计师精心规划，以营造舒适、美观且富有艺术性的空间(图 5-4)。

图 5-4 植物对建筑空间的营造

5.2 绿地的类型

根据不同的分类标准,可将绿地划分为不同的类型。从城市规划、设计和管理的角度,可将城市绿地分成六大类。

1. 公共绿地

公共绿地包括市区级综合公园、儿童公园、动物园、植物园、体育公园、纪念性园林、名胜古迹园林(图 5-5)、游憩林荫带等。

图 5-5 北京颐和园

(1) 市区级综合公园

市区级综合公园是指市、区范围内供城市居民游览休闲、开展文化娱乐活动等的综合性绿地。市级公园面积一般为 0.1～1km^2，居民乘车时能够在 30min 以内到达。区级公园面积约 0.1km^2，步行 15min 可达(即服务半径为 1.0～1.5km)。一般而言，综合公园的设施较为完备，规模较大，质量较高。

(2) 儿童公园

这里指独立的儿童公园，其服务对象主要是少年儿童，占地面积一般为 0.05km^2左右。园内一切娱乐设施、运动器械及建筑小品等，首先要考虑到少年儿童独立活动的安全性。儿童公园的选址宜接近生活居住区，并避免与交通繁忙的干道相毗邻。

(3) 体育公园

体育公园是一种特殊的城市公园，既有符合一定技术标准的体育设施，又有较充分的绿化布置(图 5-6)。

图 5-6 衢州体育公园效果图

2. 居住绿地

居住绿地包括居住区游园、居住小区游园、宅旁绿地、居住区公建庭园、居住区道路绿地等。居住绿地是居住用地的一部分，是居住用地中除去建筑用地、内部交通道路用地和生活杂务用地外可供绿化的用地。其功能是改善居住区的环境卫生和小气候，美化环境，为居民日常休息、户外活动、体育锻炼以及儿童活动等创造良好条件，是居民日常使用频率较高的绿地。

3. 交通绿地

交通绿地包括道路绿地及公路和铁路防护绿地等。道路绿地指居住区级以上的道路绿地，包括行道树绿地、交通岛绿地、立体交叉口绿地(图 5-7)和桥头绿地等。

4. 附属绿地

附属绿地包括工业、仓库绿地，公用事业绿地，公共建筑庭园等。

5. 风景区绿地

风景区绿地包括风景游览区、休养疗养区。

图 5-7 立体交叉口绿地

6. 生产防护绿地

生产防护绿地包括苗圃、花圃、果园、林场、卫生防护林、风沙防护林、水源涵养林、水土保持林等。

5.3 植物的选择和种植

5.3.1 植物的种类

植物的选择和种植是城市绿化规划设计、场地设计的一个重要组成部分。常用绿化植物有木本植物、藤本植物、草本植物。为方便绿地规划设计，常根据植物的外部形态将其分为乔木、灌木、藤本、竹类、花卉和草皮六类。

1. 乔木

乔木具有体形高大、主干明显、分枝点高、寿命长等特点(图 5-8)。依其体形不同，常有大乔木(高 20m 以上)、中乔木(高 8～20m)和小乔木(高 8m 以下)之分。根据一年四季叶片脱落状况，又可分为常绿乔木和落叶乔木。叶形宽大者，称为阔叶乔木；叶片纤细如针状者，则称为针叶乔木。乔木是场地中的骨干植物，对场地布局影响较大，不论在功能上还是在艺术上，都能起到主导作用，特别是常绿乔木，作用更大。

2. 灌木

灌木没有明显的主干，多是丛生状态，或自茎部分枝(图 5-9)。一般体高 2m 以上者称大灌木，1～2m 为中灌木，高度不足 1m 者为小灌木。灌木也有常绿灌木与落叶灌木之分。灌木主要作下木、植篱或基础种植。开花灌木用途最广，常用在重点美化地区。

图 5-8 椰树

图 5-9 杜鹃

3. 藤本

藤本植物是指茎干细长，自身不能直立生长，必须依附他物而向上攀缘的植物。藤本也有常绿藤本与落叶藤本之分，常用于垂直绿化。藤本植物可分为许多不同的种类，它们的攀爬方式也不一样。缠绕类藤本植物需要可供它们缠绕的物体，新生的枝条会在生长过程中缠住支撑物。坚固的柱子和藤架都可以作为良好的支撑物。常见的藤本植物有猕猴桃、九重葛、美洲南蛇藤、牵牛花、忍冬、美洲柴藤和中华常春藤（图 5-10）等，这些藤本植物在一个季节里就会迅速生长并覆盖较大的面积。

4. 竹类

竹类植物是指禾本科竹亚科植物（图 5-11）。竹亚科是一类再生性很强的植物，是重要的造园

图 5-10 中华常春藤

材料，是中国园林的重要构成元素。中国是竹类植物分布的主要地区之一，除黑龙江、吉林、内蒙古、新疆外，全国均有分布。竹体形优美，枝干挺拔修长，亭亭玉立，婀娜多姿，四季青翠，凌霜傲雪，备受我国人民喜爱，自古以来，竹被誉为“四君子”（梅、兰、竹、菊）和“岁寒三友”（梅、松、竹）之一。

图 5-11 唐竹

5. 花卉

花卉是指姿态优美、花色艳丽、花香郁馥，具有观赏价值的草本植物和木本植物。在东西方文化中，许多花都被赋予了特定的内涵。在中国传统文化中，不少花卉都被赋予了美好的性格特征：梅花象征着民族之风骨，菊花象征着文人之高洁，牡丹象征着富人之华贵，兰花象征着君子之气节。而在西方文化中，人们给花赋予了各种象征意义，又称为花语，比如红玫瑰象征爱情、美丽和热情，鸢尾花和百合花（图 5-12）在葬礼中象征着“复活”和“生命”等。此外，在全球许多文化中，花是女性的象征。

图 5-12 百合花

6. 草皮

草皮，俗称草地或草坪（图 5-13）。草地可以覆盖裸露的地面，有利于防止水土流失、维护生态环境和改善小气候，也是游人露天活动和休息的理想场地。

图 5-13 草地

5.3.2 绿化植物的选用

绿化植物主要为乔木、灌木、花卉和草地。绿化树种的选用，可从以下几个方面考虑：

① 组织浓荫者要向四面扩展，叶密，树冠宽大，冬季落叶，无臭味。

② 防风要选根系发达的，枝、干、叶不易被风吹折、吹落；抗污染、烟尘要选树冠较密的，而后能自然洗涮，适应能力强；用于观赏时，树木宜姿态优美。

③ 行道树要树木浓荫、树冠整齐，冬天落叶，耐烟尘、耐修剪，避免与地上、地下管线交叉。

④ 选用树木时要将速生树与慢生树相结合，常绿树与落叶树相结合，保证四季都有绿化效果。

5.3.3 种植要点

绿化种植要注意植物与地方自然条件的适应性。具体包括以下几方面：

① 气候适应性：选择适合当地气候条件的植物。不同植物对温度、降雨量、湿度等气候因素有不同的要求。应根据当地的气候特点，如年平均温度、降雨分布情况等，选择耐寒、耐旱、耐湿等适应性强的植物。

② 土壤条件：了解并考虑当地土壤的性质，包括土壤类型、酸碱度、肥力等。不同植物对土壤的要求不同，有的喜欢酸性土壤，有的则适合在碱性土壤中生长。应根据土壤的特性选择合适的植物，确保其能够健康生长。

③ 光照需求：不同植物对光照的需求也各不相同，有些植物需要充足的阳光，有些则适合在阴凉的环境中生长。应根据植物的光照需求，合理安排种植位置，确保植物能够获得适宜的光照条件。

④ 水源管理：绿化种植需要合理的灌溉和排水系统。应根据当地的水资源情况，选择适合的灌溉方式，避免过度灌溉或缺水。同时，考虑植物的耐旱性，选择适合当地水资源条件的植物。

⑤ 病虫害防治：不同地区的病虫害情况不同，应选择抗病虫害能力强的植物。并根据当地的具体情况，制定合理的病虫害防治措施，减少植物受病虫害侵害的风险。

⑥ 生态环境：考虑当地的生态环境，选择对生态环境友好的植物，避免种植外来入侵物种，保护当地的生物多样性。同时，选择有利于改良土壤、保持水土的植物，促进生态环境的可持续发展。

表 5-1 所示为绿化植物与建筑物、构筑物的最小水平间距。

表 5-1 绿化植物与建筑物、构筑物的最小水平间距　　单位：m

名称	最小水平间距	
	至乔木中心	至灌木中心
有窗建筑物外墙	3.0	1.5
无窗建筑物外墙	2.0	1.5
挡土墙顶内和墙脚外	2.0	0.5
道路路面边缘	0.75	0.5
人行道路面边缘	0.75	0.5
围墙(2m 高以下)	1.0	0.75
体育用场地	3.0	3.0

续表5-1

名称	最小水平间距	
	至乔木中心	至灌木中心
排水明沟边缘	1.0	0.3
铁路中心线	5.0	3.5
邮筒、路牌、车站标志	1.2	1.2

5.4 绿化布置

5.4.1 绿化布置的一般要求

① 绿化布置是保护和美化环境的重要措施，因此，必须根据具体要求，与场地环境相协调，与总平面布局综合考虑。

② 有利于消除或减轻生产过程中产生的灰尘、废气和噪声对环境的污染，创造良好的生产和生活环境。

③ 因地制宜地选用植物，尽快实现绿化效果。

④ 不得影响交通和地上、地下管线的运行和维修。

5.4.2 绿化总体布置形式

绿化总体布置一般分为规则式、自然式，以及规则式和自然式相结合的混合式等形式。

在绿化总体布置形式的选择和设计中，需要综合考虑多方面的因素，以确保绿化设计既美观又实用，同时满足生态、功能和文化需求。

在场地设计中，根据功能要求和空间性质，可选择不同的绿化布置形式(如规则式、自然式或混合式)，表现的空间效果也会不一样。总体布局中需确定场地绿化的布置形式和环境特色。例如，自由灵活的布置形式与灵活布置的建筑空间可以相映成趣，而相对规整的绿化布置形式可以烘托厚重朴实的建筑空间氛围。

场地的类型对绿化布置形式的确定有决定性作用，如纪念性场地的绿化布置要求取得庄严肃穆的效果，常用对称式布局或呈几何形态布置；居住类、文化娱乐类场地的绿化布置，为营造轻松自然的环境气氛，多选择不对称甚至自由曲线的形式。此外，在同一场地中，不同的功能分区也可选择不同的绿化布置形式，从而与各功能区的空间氛围相统一。如综合性建筑群体场地中，行政办公区绿化采用规则式衬托严谨的气氛，公共服务区绿化则以自由式为主。

5.4.3 植物配置的基本组合形式

1. 孤植

孤植树位置突出、体形巨大、树姿优美且富有变化，开花繁茂、香味馥郁，主要表现植物的个体美。孤植树通常布置在大草坪或林中空地的中心位置，与周围景点要协调、呼应(图 5-14)。

2. 对植

对植指将乔木、灌木以对称或非对称的形式栽植在构图轴线两侧。对称种植，即树木体形相

图 5-14　孤植树景观

同，树种统一，与对称轴线的垂直距离相等；非对称种植，即树种统一，体形和姿态可以不同，与中轴线的垂直距离大者近，小者远。对称种植多用于规则式种植构图中，如公园或在建建筑物进出口的两侧；非对称种植多用于自然式园林进出口两侧、桥头及建筑物出入口两侧(图 5-15)。

图 5-15　对植树景观

3. 丛植

树丛通常由 3～10 株乔木构成。丛植主要表现群体美，也考虑在整体构图中凸显单株的个体美。丛植的基本形式有三株配合、四株配合、五株配合、六株配合等(图 5-16)。

图 5-16　丛植树景观

4. 树群

由多种乔木或灌木混合栽植的称为树群，可分为单纯树群和混交树群两类。树群主要表现群体美，对单株的要求不严格，但在群体形态上要求具有观赏性，规模不宜过大，树种不宜过多。树群一般布置在园路或庇荫广场的一侧(图 5-17)。

图 5-17　树群景观

5. 树林

树林指大量树木的组合，数量多、面积大，且具有一定的密度和群落外貌，对周围环境有明显的影响(图 5-18)。

图 5-18　树林景观

6. 植篱

植篱是指将园林植物成行列式紧密种植，组成不同高度、不同立面形状的篱笆、树墙或栅栏等，分为整形植篱和自然植篱。整形植篱常用于规则式园林中，可选用常绿或耐修剪的灌木或乔木。自然植篱多用于自然式园林或庭院中，用于分割空间、防风、隐蔽不良景观等，常选用体积大、枝叶浓密、分枝点低的开花灌木（图 5-19）。

图 5-19 植篱景观

7. 花镜

花镜是园林中从规则式到自然式构图的过渡形式，其平面轮廓与带状花坛相似（图 5-20）。植床两边是平行的直线或曲线，且最少在一边用常绿木本或草本矮生植物镶边。单面观赏的花镜最佳观赏范围通常为 2～4m，而双面观赏的花镜最佳观赏范围则为 4～6m。

图 5-20 花镜景观

常见植物配置

5.4.4 绿化与建筑总体布置方法

1. 水平布置

(1) 点状景观

建筑总平面中的点状景观包括树池和雕塑，这些景观元素适合于大面积硬地的活泼化处理。当多个点状景观形成阵列时，还可以应用于入口广场的路径引导和人行道空间的优化。

(2) 线状景观

线状景观主要指线状绿化或近似线状的水池等。场地中的线状绿化可以发挥强烈的路径引导作用，如行道树；还可以对室外场地进行围合，为场地营造较为私密的室外空间。通常选择乔木或灌木来布置线状景观。

(3) 面状景观

总平面中的面状景观主要包括绿地和水面。面状景观可以围绕建筑布置，并将入口路径穿插其中。当基地边界为道路时，还需要注意留出人行空间。面状景观还可以被建筑所围绕，形成内庭院。(图 5-21)

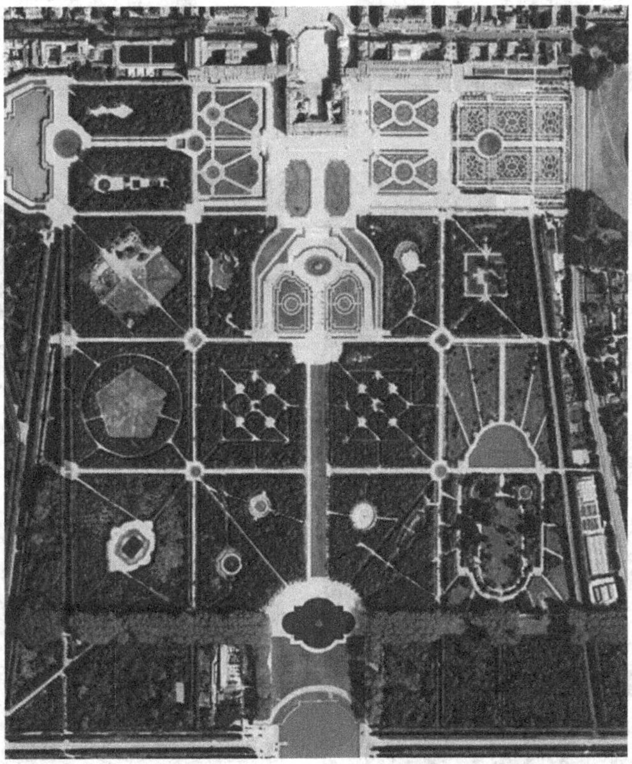

图 5-21 凡尔赛宫绿化布置

2. 竖向布置

当下建筑设计的主流理念是建筑服务于人，要提升空间品质，提供更加适宜的环境。自然环境是最让人舒适的，垂直绿化设计是建筑中绿化布置的重点。设计师需要通过垂直绿化的置入，创造出适宜的绿色环境。(图 5-22)

(1) 外轮廓规整，内置中庭

建筑平面规整可以提高平面使用率，向内置入庭院可形成一个自然的内部空间，较为高效地提升空间品质。(图 5-23)

图 5-22 垂直绿化

图 5-23 中庭绿化

（2）运用挑板

丰富立面的同时可增加阳台、挑板等活动空间。挑板的形式非常灵活，可全横向、可错动布置，可呈直线、可呈弧线，可凹进、可凸出。（图 5-24）

图 5-24 挑板绿化

(3) 形体拆分

可在垂直或者水平方向上对建筑形体进行拆分，在拆分处的空间置入公共活动空间，进行绿化布置。

(4) 变形

通常的设计方式是首先通过基本体块拆分来解决形体比例问题，并区分功能区与公共区，形成基底后再进一步深化。如通过表皮肌理的特殊操作，使室内外似通非通，极具标志性。(图 5-25)

图 5-25 立面绿化

复习思考题

1. 城市建设用地标准规定的人均单项建设用地指标中，绿地与广场用地面积应(　　)。

A.8.0～20.0m^2/人　　B.7.0～15.0m^2/人

C.≥10.0m^2/人　　D.≥5.0m^2/人

2. 以下关于绿化覆盖率的说法，(　　)正确。

A.绿化面积占总用地面积的百分比

B.绿化覆盖面积除以总用地面积

C.绿化覆盖面积占总用地面积的百分比(不包括屋顶绿化)

D.绿化覆盖面积占总用地面积的百分比(包括屋顶绿化)

3. 绿地率是场地设计中的一个重要指标，用(　　)表示。

A.m^2/ha　　B.万 m^2/万 m^2　　C.%　　D.无

4. 建筑基地内绿地率的计算，下列(　　)正确。

A.绿地率＝绿化覆盖面积÷用地面积×100%

B.绿地率＝各类绿地面积之和÷总用地面积×100%

C.绿地率＝各类绿地面积之和÷绿化覆盖面积×100%

D.绿地率＝各类绿地面积之和÷建筑基地面积×100%

5. 下列关于居住区内绿地面积计算的叙述中错误的是(　　)。

A.对居住区级路算到红线

B.对小区路算到路边，当小区路设有人行便道时算到便道边

C.带状公共绿地面积计算的起止界同院落式组团绿地

D.对建筑物算到散水边，当采用暗埋散水(即绿化可铺到墙边)时算到墙边

参考答案

6 竖向设计

学习目标和要求

1. 了解竖向设计的概念、内容和基本原则。
2. 掌握竖向设计的步骤及表达方式，并能结合实际情况进行应用。
3. 掌握建筑物、道路及排水中竖向设计的应用。
4. 掌握场地平土的一般知识，了解场地平土标高的基本方法。

竖向设计是场地设计的一个重要组成部分，关系到场地的安全稳定，也直接影响到空间的组成。竖向设计一般在总体布局之后进行，无论是平坦场地或坡地场地，都必须给出建筑物、构筑物的设计标高，进行场地排雨水设计，使建筑与地形密切配合，制定出合理的场地规划布局和建筑设计方案。当然，在坡地场地设计中，因地形、地质较复杂，支挡构筑物和排水构筑物多，竖向设计不仅难度较大，而且关系到方案的可行性与场地开拓的经济性，因此，竖向设计的重要性尤为突出。

6.1 竖向设计概述

6.1.1 竖向设计的概念

竖向设计（或称垂直设计、竖向布置）是对基地的自然地形及建筑物、构筑物进行垂直方向的高程（标高）设计。竖向设计既要满足使用要求，又要满足经济、安全及景观等方面的要求。

6.1.2 竖向设计的内容

竖向设计的基本任务是利用和改造建设用地的原有地形，具体包括以下几个方面：

(1) 选择场地的竖向设计形式和平土方式；

(2) 确定场地平土标高，计算土石方工程量；

(3) 确定建（构）筑物、铁路、道路、排水构筑物、管线地沟、露天堆场、广场等场地的整平标高；

(4) 确定场地合理的雨水排放方式和排水措施；

(5) 合理布置竖向设计所需的工程设施和排水构筑物。

6.1.3 竖向设计的原则

1. 满足建筑物、构筑物的使用功能要求

根据建筑物、构筑物的使用功能要求，合理安排它们的位置，使建筑物之间交通联系方便、快捷、通畅，同时，还要满足消防要求，符合景观环境和生态环境的要求。

2. 结合自然地形，减少土石方工程量

对地形的改造要因地制宜，充分利用自然地形，因势利导。改造地形时，应考虑建筑物的布置及空间效果，减少土石方工程量和各种构筑物的工程量，并力求填、挖方就近平衡，运距最短，从而降低工程造价。设计时，应采取措施，避免造成水土流失，尽可能保护场地原有的生态环境条件和风貌，体现不同场地的个性与特色。

3. 道路布局应满足相应的技术要求

道路的竖向设计应满足相应的技术标准和规范，确保道路的平整度和坡度适宜，保证交通的安全和畅通。应充分考虑道路的排水需求，防止积水和路面损坏；同时确保道路与建筑物、构筑物及其他设施的高程协调。

4. 解决场地排水问题

建设场地应有完整、有效的雨水排水系统，重力自流管线应尽量满足自然排放要求，保证场地雨水能顺利排除。同时，场地雨水排水系统应与周边现有的或规划的道路排水设施等标高相适应。当进行坡地场地、滨水场地设计时，应特别考虑防洪、排洪问题，以保证场地不受洪水淹没。

5. 满足工程建设与使用的地质、水文等要求

竖向设计要以安全为原则，应充分考虑地形、地质和水文的影响，避免不良地质构造的不利影响。可采取适当的防治措施，如在挖方地段应防止造成滑坡、塌方和地下水位上升等恶化工程地质的后果。

6. 满足建筑基础埋深、工程管线敷设的要求

竖向设计应充分考虑建筑基础的埋深要求，确保基础埋设在稳定的土层中，保证建筑物的安全和稳定。同时，应合理安排工程管线的敷设路径，避免管线之间的相互干扰和交叉，确保管线施工和维护方便。管线的高程布置应与场地的总体竖向设计相协调，确保排水、供水、供电、通信等系统的正常运行。

6.1.4 竖向设计的现状资料

设计人员需通过业主提供、购买、调研、查证等途径和方法收集以下有关基础资料：

(1) 地形图(包括周边区域的地形图，比例尺为 1：2000～1：10000)；

(2) 场地测量图(比例尺为 1：500、1：1000，等高距为 0.50～1.00m，纵横坐标网为 50～100m)；

(3) 建设场地的工程地质和水文地质条件；

(4) 场地总平面布置图；

(5) 场地铁路和道路布置图；

(6) 场地排水与防洪规划资料；

(7) 地下管线的资料；

(8) 填土土源与弃土地点。

6.1.5 竖向设计的成果

1. 初步设计阶段

(1) 竖向设计说明书；

(2) 竖向布置图；

(3) 粗平图；

(4) 有关技术经济指标；

(5) 内部作业的图纸和资料。

2. 施工图设计阶段

(1) 设计说明书(竖向设计部分);

(2) 场地平整图(或粗平图);

(3) 竖向布置图(场地排雨水图);

(4) 土方图;

(5) 有关技术经济指标。

6.2 地面的竖向布置

平坦的场地,有时候无须进行场地平整,就能够满足使用要求;有时候则需要进行场地平整,并经过地面设计后才能使用。如果平坦场地的地形需要进行处理才能使用,就必须先设计地面,然后再进行其他方面的竖向设计。自然地面按坡度可划分为如下几种:

(1) 平坡坡地:坡度在3%以下,场地布置受地面坡度影响小,布置较随意。

(2) 缓坡坡地:坡度为3%~10%,场地布置受地面坡度影响小,布置较随意。

(3) 中坡坡地:坡度为10%~25%,需要设计台阶,场地布置要结合地形。

(4) 陡坡坡地:坡度为25%~50%,施工不便,费用高。

(5) 急坡坡地:坡度在50%以上,一般不用于建筑设计。

6.2.1 地面的竖向布置形式

1. 平坡式

设计地面(或整平面)是将自然地形加以适当整平,使其成为满足使用要求和建筑布置的平整地面。平坦场地设计地面的竖向布置形式通常称为平坡式。(图6-1)

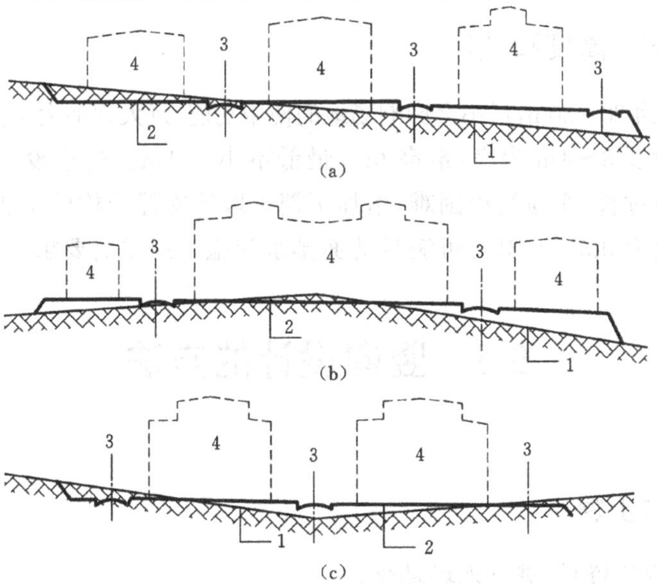

图6-1 平坡式

(a)单向斜面平坡;(b)由场地中间向边缘倾斜的双向斜面平坡;(c)由场地边缘向中间倾斜的双向斜面平坡

2. 台阶式

台阶式竖向布置是指场地由分别处在不同高程上的若干台地组成(图 6-2)。台阶的划分和场地的建筑布局、交通运输、管线布置有密切关系,需要将场地的平面和立面进行统一考虑。在台阶式竖向布置中,台阶的划分应遵循以下原则:

(1) 认真分析场地的使用功能;

(2) 充分利用自然地形;

(3) 做到场地功能分工明确、交通联系便捷;

(4) 台阶的数量要适当,台阶主次分明;

(5) 配合场地的施工方式,减少土方量和基础工程量。

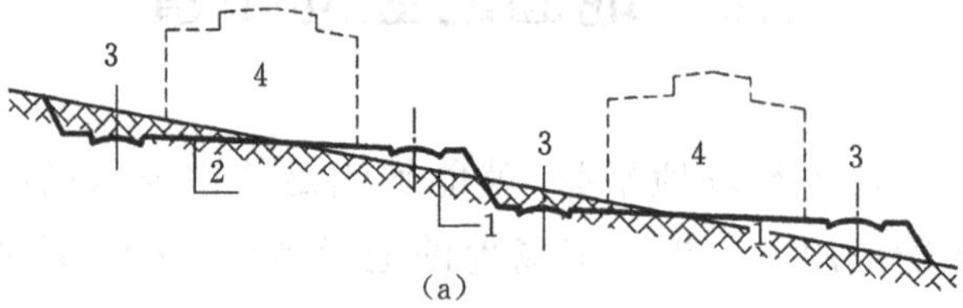

(a)

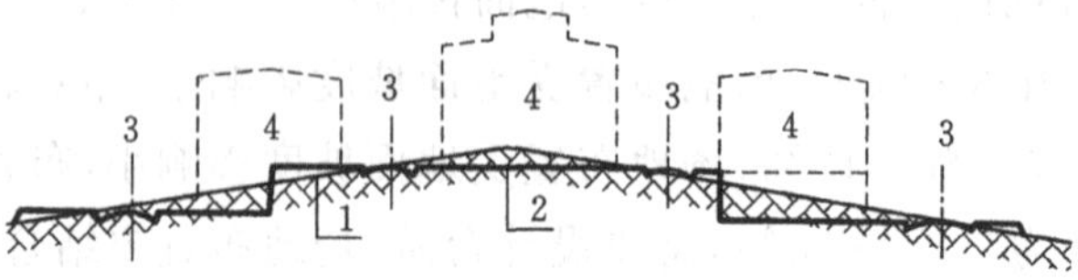

(b)

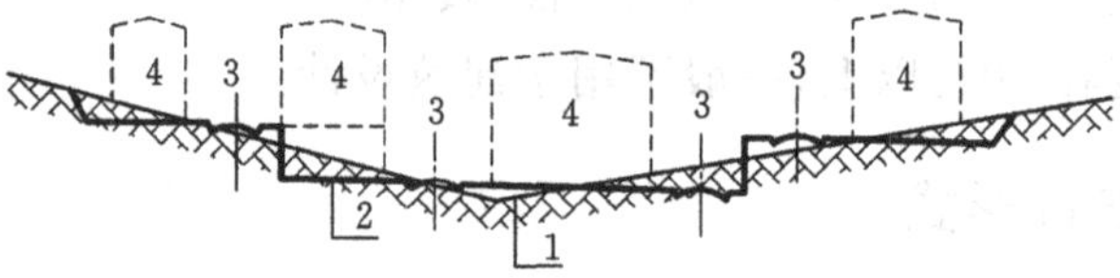

(c)

图 6-2 台阶式

(a)单向降低的台阶;(b)由场地中间向边缘降低的台阶;(c)由场地边缘向中间降低的台阶

6.2.2 台阶的宽度、高度和坡度

台阶的宽度一般为 20～30m,过小会影响场地的使用功能,过大则加大了土方量和基础工程量。

台阶的高度一般以 3～4m 为宜,最高 6m,最低不小于 1m。过小没有太大意义,过大则势必使联系道路的坡道过长,交通组织困难,增加了挡土墙等支撑结构的工程量。

台阶的坡度一般为 0.5%～2%,可满足地面排水和施工误差的要求。

6.3 竖向设计的方法

竖向设计的方法

6.3.1 竖向设计的步骤

(1) 收集、核实现状资料,进行现场勘察。

(2) 结合场地的总体布局,进行场地的竖向总体布局、场地的排水组织和道路的竖向布置。

(3) 确定场地平土标高。

(4) 计算场地土方工程量。

(5) 竖向设计的细部处理,包括挡土墙、边坡、排水明沟的设计。

(6) 进行场地排雨水设计。

6.3.2 竖向设计的表达方式

竖向设计的常用表达方式包括高程箭头法、纵横断面法和设计等高线法。

1. 高程箭头法

高程箭头法,又称设计标高法。其特点是简便易行、制图工作量小、易于改动,但比较粗略,准确性较低。(图 6-3)

高程箭头法所要表示的内容包括:

(1) 场地设计区域内的自然地形;

(2) 建筑物的坐标、四个角点的标高、室内地面标高、室外地面标高;

(3) 道路控制点的坐标和标高;

(4) 用箭头表明地面的排水方向;

(5) 排水明沟沟底控制点的坐标和标高、明沟端面的高宽比;

(6) 较复杂的地形。为提高设计精度,可增加场地设计剖面图,说明标高的变化。

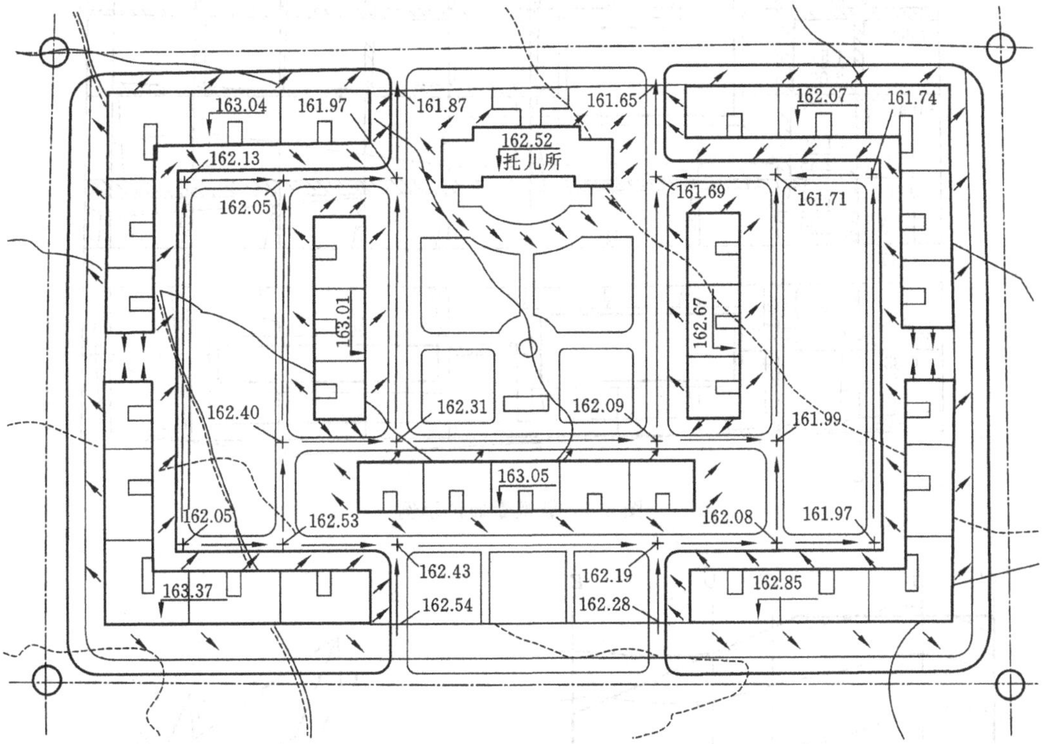

图 6-3 高程箭头法示例

2. 纵横断面法

纵横断面法常用于地形较复杂、精度要求较高的场地设计。其特点是精度较高,容易形成立体的概念,但工作量大、耗时长。(图 6-4、图 6-5)

纵横断面法的内容:

(1) 根据地形的复杂程度、精度要求,以适当的间距绘制方格网,如 10m、20m、40m 等;

(2) 确定场地网格交点的自然标高；

(3) 确定场地网格交点的设计标高；

(4) 绘制场地(包括自然地面和设计地面)的纵横断面图,根据两者之间的关系来确定场地的土方量；

(5) 以设计地面的断面表达合计成果。

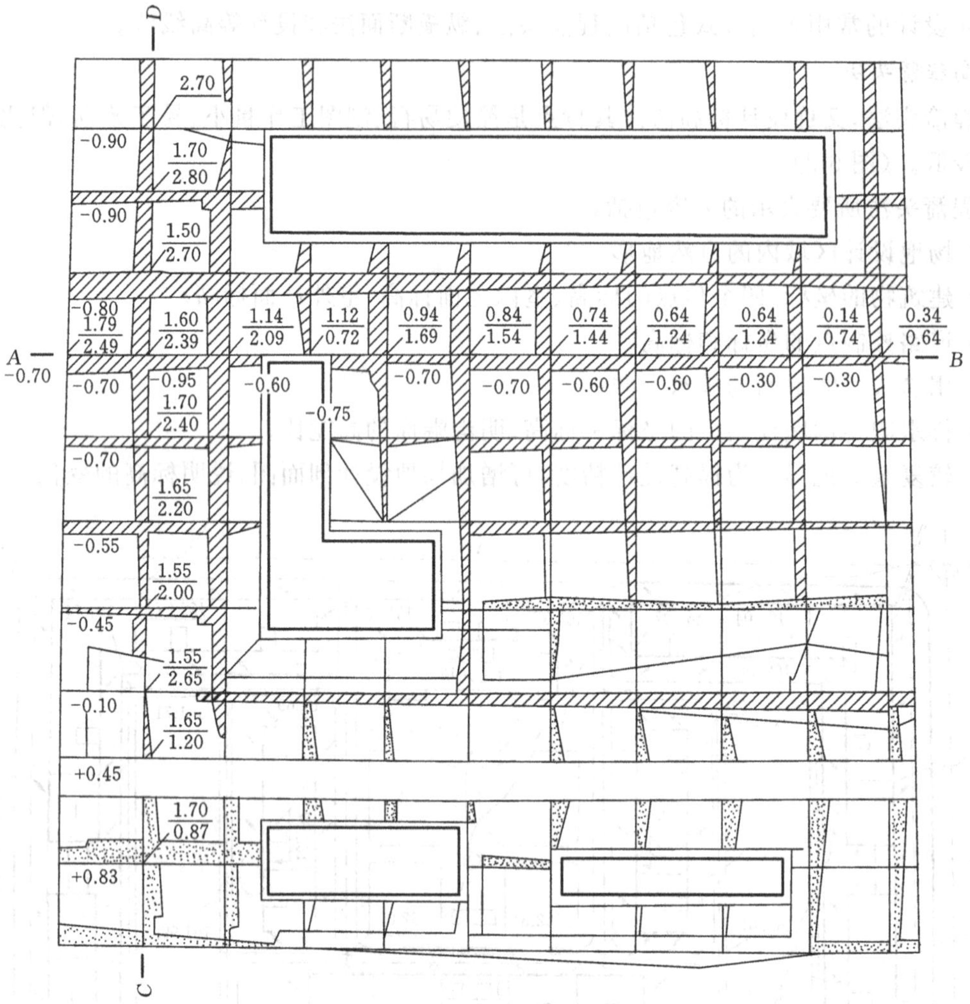

图 6-4 纵横断面法示例

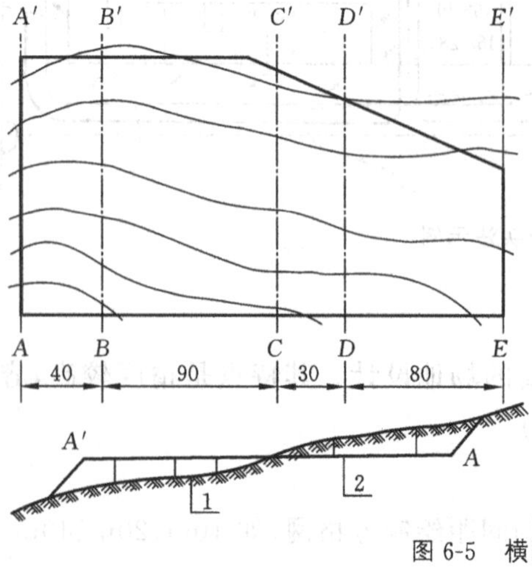

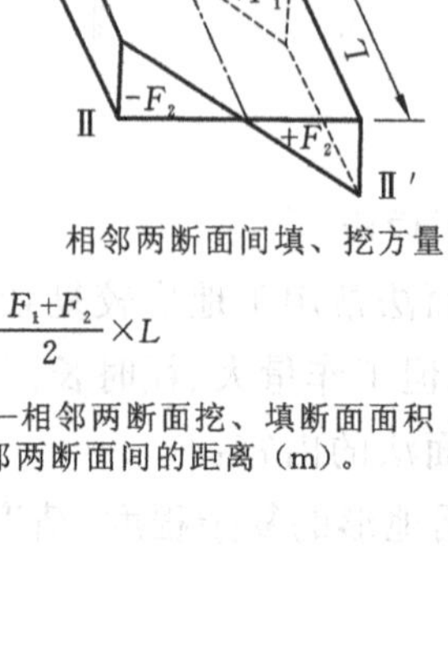

相邻两断面间填、挖方量的计算

$$V=\frac{F_1+F_2}{2}\times L$$

式中：F_1、F_2——相邻两断面挖、填断面面积 (m^2)；
L——相邻两断面间的距离 (m)。

图 6-5 横断面法计算示例

3. 设计等高线法

设计等高线法的特点是能直观地表示设计地形和自然地形之间的关系，方便使用。设计等高线小于自然地形等高线，为挖方；反之，为填方。

设计等高线法的内容如下：

(1) 确定场地内道路控制线、控制点的平面图和平面坐标；

(2) 确定场地内道路交叉点、转折点、变坡点等控制点的标高；

(3) 用插入法确定道路控制点之间的标高和建筑物的角点标高；

(4) 结合场地建筑布局、雨水排放情况、排水系统的类型来绘制道路和场地的设计等高线。

6.3.3 确定竖向设计标高

1. 确定场地设计标高的原则

(1) 满足地表水的排水、场地防洪要求；

(2) 应充分考虑地下水位、地质条件的影响，因其与建筑物基础的埋深、对地下设施的侵蚀等方面密切相关；

(3) 满足交通运输需求；

(4) 尽可能减少土方量和建设工程量。

2. 确定场地设计标高的步骤

(1) 确定场地竖向设计的布置形式；

(2) 明确填、挖方范围及临界线的位置；

(3) 合理确定建筑物、构筑物及其他设施的标高；

(4) 根据土方平衡的情况调整设计标高。

6.4 建筑物、道路的竖向布置与排水

6.4.1 建筑物的竖向布置

1. 建筑物的布置方式

(1) 提高勒脚

即将建筑物四周的勒脚高度调整到同一标高。这种方式适用于缓坡、中坡坡地，适宜将建筑物垂直于等高线布置在坡度小于8%的坡地上，或平行于等高线布置在坡度为10%～15%的坡地上。(图 6-6)

(2) 筑台

即对自然地面进行挖方或填方，以便形成平整的台阶。这种方式适用于平坡、缓坡坡地，适合将建筑物垂直于自然等高线布置在坡度小于10%的坡地上，或平行于自然等高线布置在坡度为12%～20%的坡地上。(图 6-7)

(3) 跌落

当建筑物垂直于等高线布置时，可以建筑开间或单元为单位，顺坡势形成阶梯式布置，以节约土石方工程量。跌落高差和跌落间距可根据地形变化进行调整。这种方式适宜于坡度为4%～8%的坡地。(图 6-8)

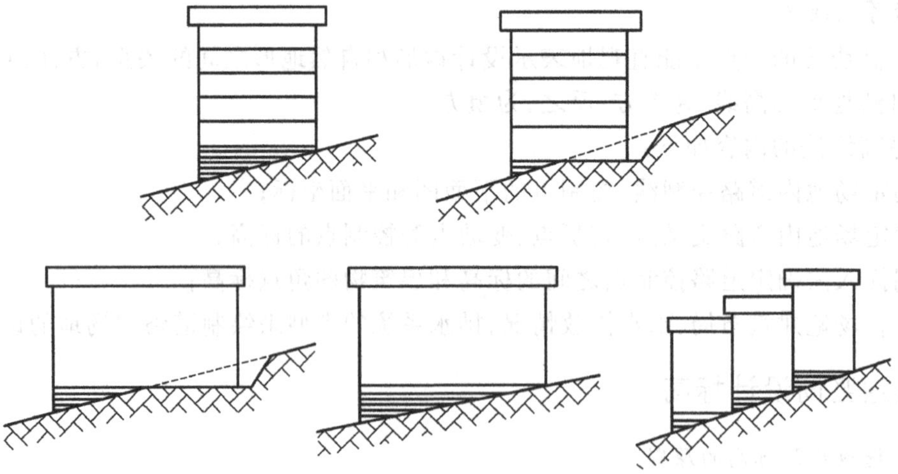

图 6-6 提高勒脚处理

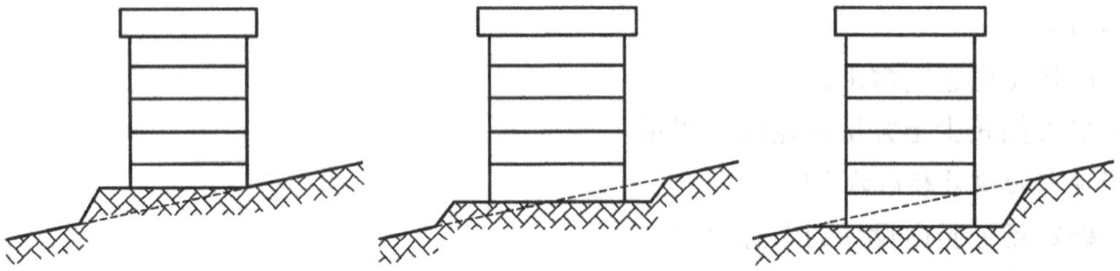

图 6-7 筑台处理

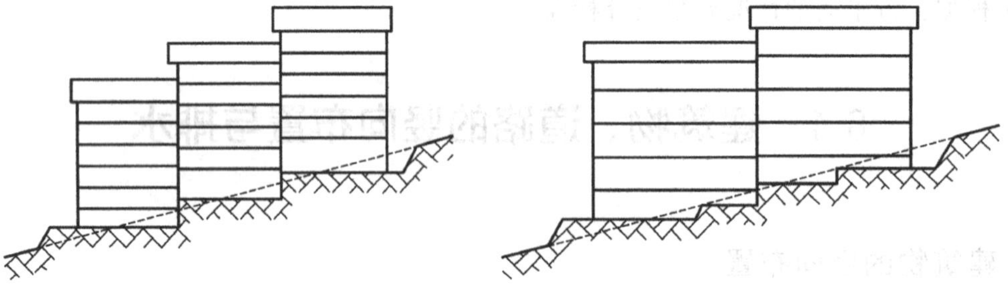

图 6-8 跌落处理

（4）错层

即在建筑物同一楼层，做成不同标高，以适应倾斜地面。建筑物可垂直于等高线布置在坡度为 12%～18% 的坡地上，或平行于等高线布置在坡度为 15%～25% 的坡地上。（图 6-9）

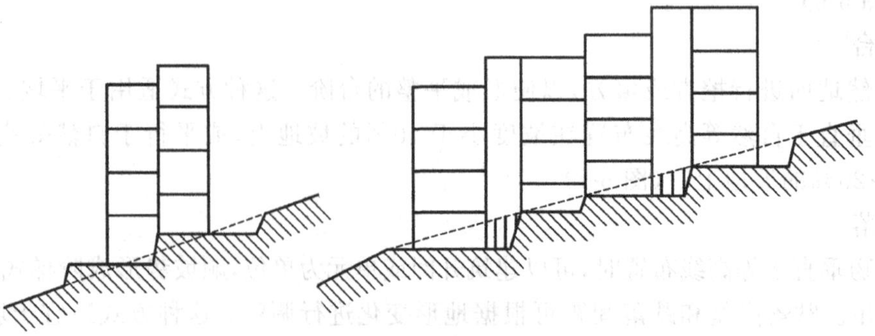

图 6-9 错层处理

(5) 掉层

即根据地形将建筑物的基底做成台阶，且使其台阶高差等于建筑物一层或数层层高。这种方式适用于中坡、陡坡坡地，可将建筑物垂直于等高线布置在坡度为 20%～25%坡地上，或平行于等高线布置在坡度为 45%～65%的坡地上。(图 6-10)

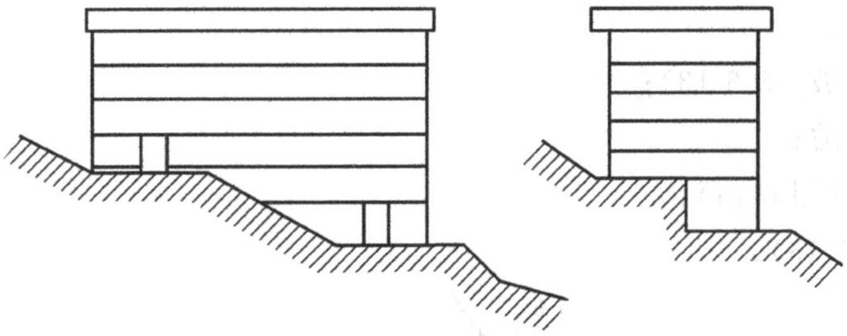

图 6-10 掉层处理

(6) 错跌

当建筑物纵轴垂直于等高线时，可顺坡势逐层或隔层沿水平方向做一定距离的错动和重叠，形成阶梯布置。这种方式适用于陡坡、缓坡坡地，建筑物可垂直于等高线布置在坡度为 50%～80%的坡地上。(图 6-11)

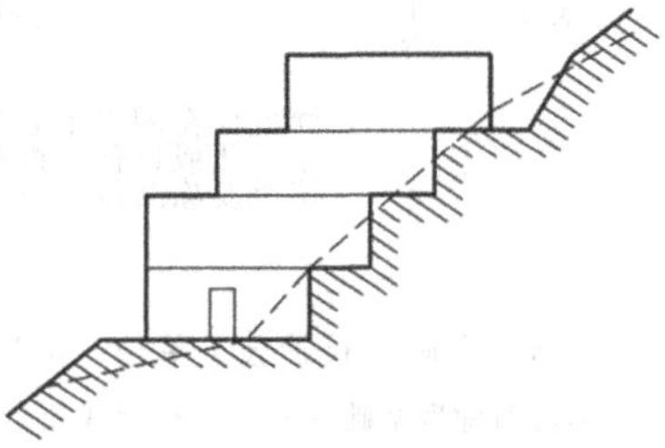

图 6-11 错跌处理

(7) 分层入口

通过在不同楼层设置入口，以适应地形变化，并提供便捷的出入路径，有助于改善建筑物的可达性和使用效率。分层入口适用于山地或坡地建筑、城市多层建筑、大型综合体和交通枢纽等场景，能有效适应地形、提高便捷性、增强安全性和灵活利用空间。(图 6-12)

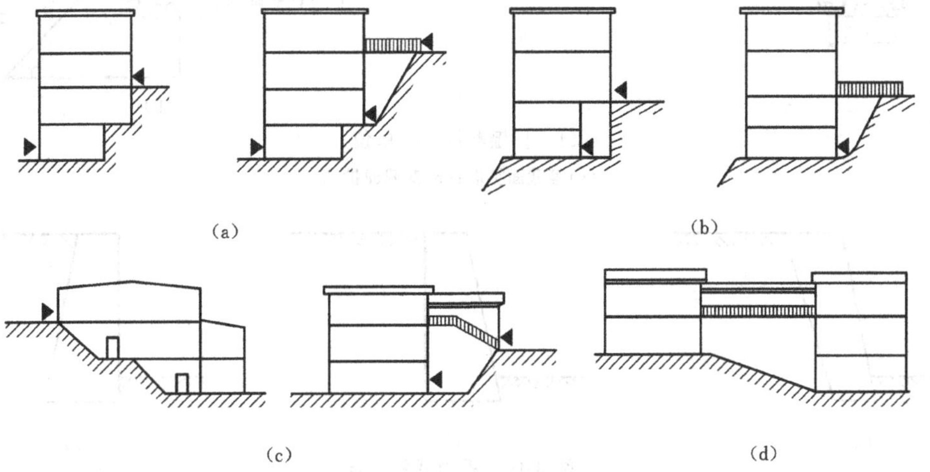

图 6-12 灵活设置建筑物入口

(a)双侧分层入口；(b)单侧分层入口；(c)利用室外楼梯或踏步；(d)天桥式

2. 边坡防护和加固措施

(1) 植物防护；

(2) 喷浆法；

(3) 抹面法；

(4) 灌浆及勾缝；

(5) 干砌片石护坡(图 6-13)；

(6) 浆砌片石护坡；

(7) 混凝土护坡(图 6-14)；

(8) 挡土墙(图 6-15)。

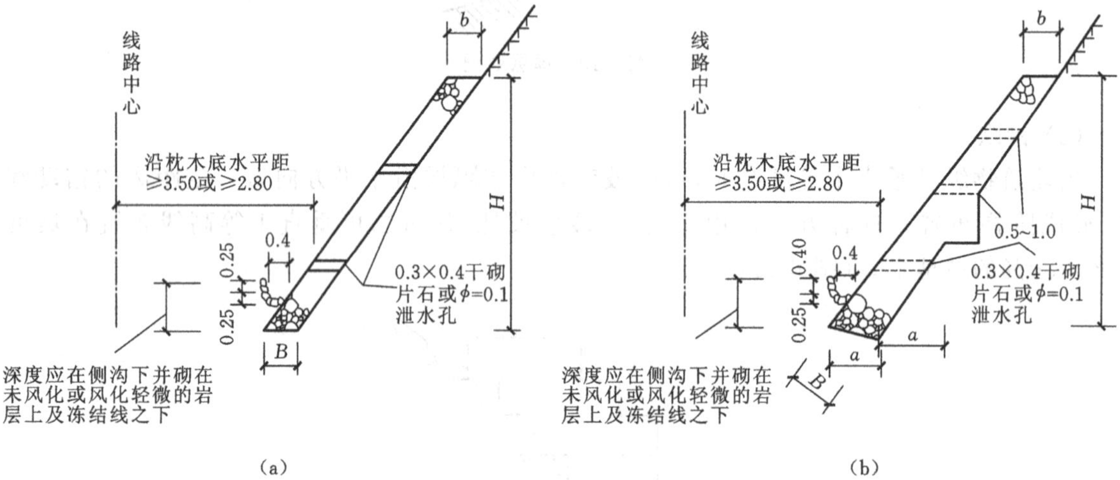

图 6-13 干砌片石护坡（单位：m）

(a)墁石铺砌基础；(b)干砌石垛基础

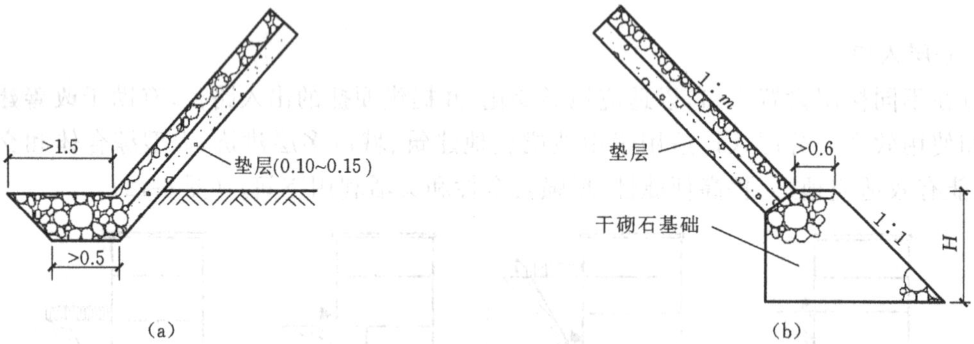

图 6-14 护墙断面图（单位：m）

(a)等截面护墙；(b)变截面护墙

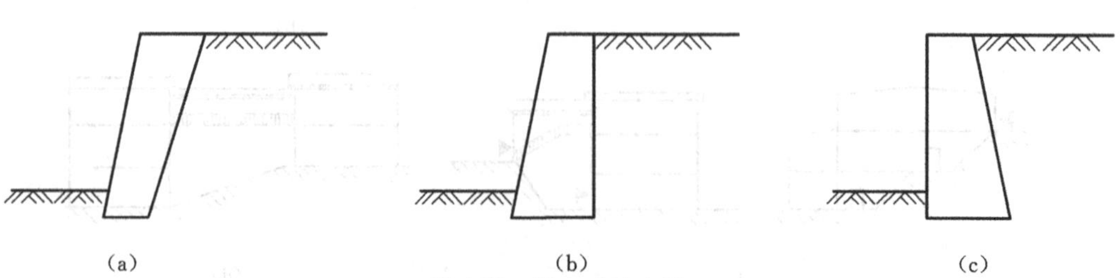

图 6-15 重力式挡土墙

(a)仰斜墙；(b)垂直墙；(c)俯斜墙

3. 建筑物室内外地坪高差

一般而言，根据建筑物的使用性质、道路条件、场地地形确定室内外高差。这种方法有助于确保建筑物功能的最大化利用，并与周围环境协调一致。合理设计室内外高差能够优化建筑物的排水系统、增强建筑物的景观效果，同时也能提升使用的舒适度和安全性。表 6-1 所示为建筑物室内外地坪的最小高差。

表 6-1 建筑物室内外地坪的最小高差

建筑类型	最小高差/m	建筑类型	最小高差/m
宿舍、住宅	0.15～0.45	学校、医院	0.60～0.90
办公楼	0.50～0.60	沉降明显的大型建筑物	0.30～0.50
一般工厂车间	0.15	重载仓库	0.30

4. 坡向与日照间距

在坡地上布置建筑时，可以通过调整坡向来缩小或扩大建筑之间的日照间距。这不仅能够优化阳光照射，增强采光效果，还可以提高土地利用效率。因此，设计时要合理布置建筑物，改善居住环境，确保每栋建筑物都能获得充足的自然光照。（图 6-16）

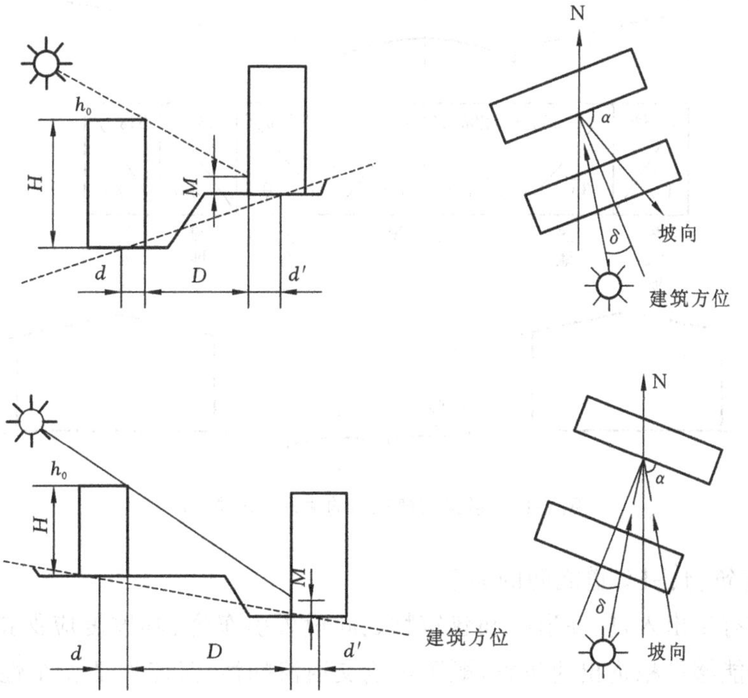

图 6-16 坡向与日照间距

6.4.2 道路的竖向设计

1. 道路竖向设计的原则

(1) 道路布置与地形相结合；

(2) 满足道路自身的技术要求；

(3) 利用地形灵活布置道路。

2. 道路竖向设计的要点

(1) 道路连续纵坡坡度大于5%时,应设置纵坡,坡度小于3%,长度大于300m。

(2) 道路要结合地形,合理定线,减少土方量。

(3) 满足道路排水的要求。对于居住区道路而言,机动车道的纵坡不应小于0.2%,亦不应大于8%,其坡长不应大于200m,横坡坡度应为1%~2%;非机动车道的纵坡不应小于0.2%,亦不应大于3%,其坡长不应大于50m,横坡坡度应为1%~2%;人行道的纵坡不应小于0.2%,亦不应大于8%,横坡坡度应为1%~2%;基地内人流活动的主要地段,应设置无障碍人行道。

3. 建筑物与道路的关系

(1) 道路与建筑物的一般关系

场地雨水一般通过道路两侧的地下管线排出,当建筑物与道路相邻时,为使雨水从建筑物散水坡脚自流到道路路面上,道路中心线一般比建筑物室外地坪标高低0.25~0.30m,或通过图6-17所示方法推算,横栏中斜线下方数值为长度尺寸,两者之间的地面应形成向道路的坡,坡度0.5%~2%。

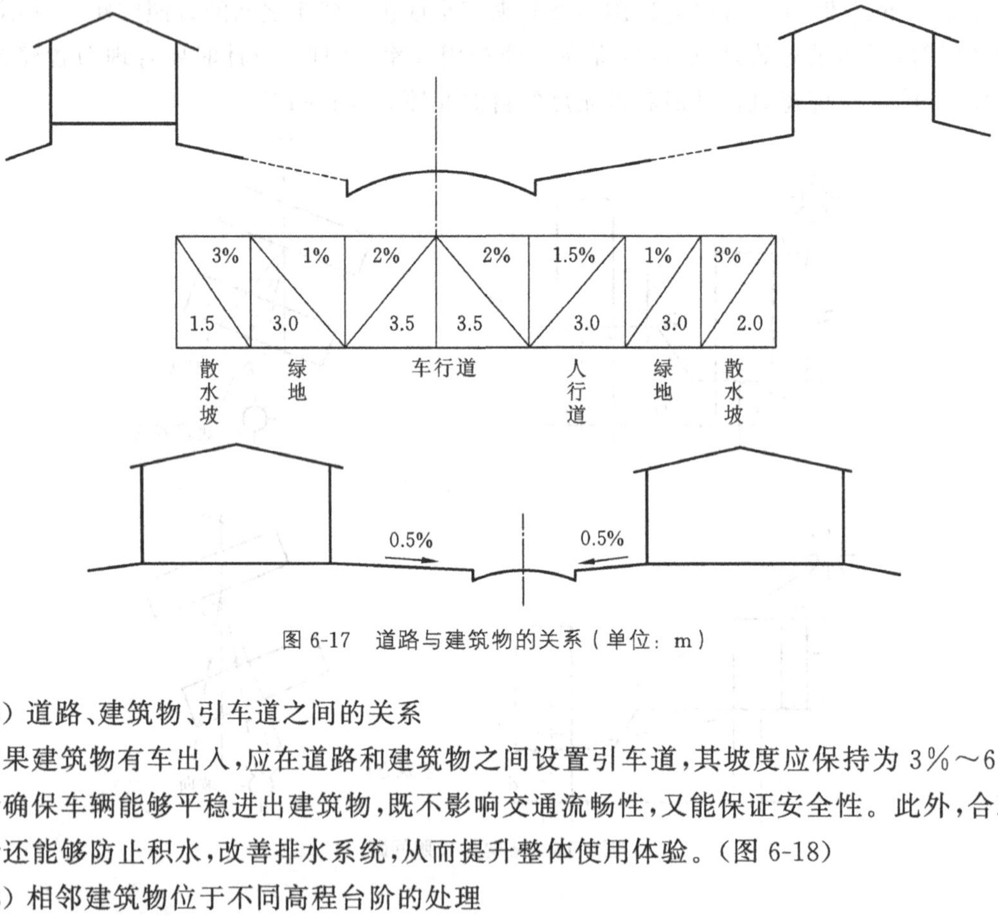

图6-17 道路与建筑物的关系(单位:m)

(2) 道路、建筑物、引车道之间的关系

如果建筑物有车出入,应在道路和建筑物之间设置引车道,其坡度应保持为3%~6%。这种设计确保车辆能够平稳进出建筑物,既不影响交通流畅性,又能保证安全性。此外,合理的坡度设计还能够防止积水,改善排水系统,从而提升整体使用体验。(图6-18)

(3) 相邻建筑物位于不同高程台阶的处理

相邻建筑物位于不同高程台阶时,可以通过道路的坡度来缓解高度变化。这种处理方式在建筑物的长边相对或短边相对时会有所不同。当建筑物的长边相对时,需要更长的坡道以平缓过渡;而当短边相对时,坡道的设计可以更为紧凑,以适应较小的水平距离(图6-19)。这种设计方法可确保建筑物之间的顺畅连接,同时保持场地的整体协调和美观。

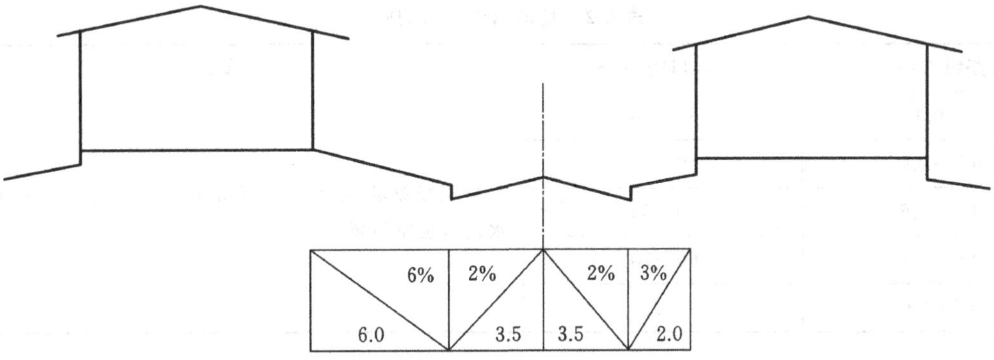

图 6-18 道路、建筑物、引车道之间的关系(单位: m)

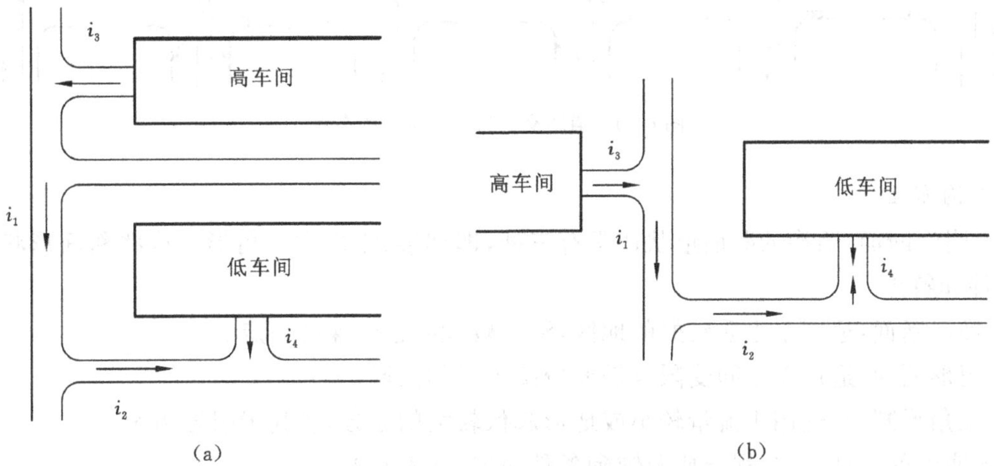

图 6-19 相邻建筑物位于不同高程台阶的处理

(a)建筑长边相对;(b)建筑短边相对

6.4.3 排水的竖向设计

1. 雨水口的布置

场地排雨水方式包括自然排雨水、明沟排雨水和暗管排雨水。将雨水口布置在道路的最低点时,雨水收集效果最佳。雨水口与雨水检修井的距离应小于 25m,尽可能接近干管,避免将雨水口布置在建筑的入口、分水点及其他地下管道的上方。一个雨水口的汇水面积一般为 3000～5000m^2,在多雨地区,汇水面积可小一些,在干旱地区,汇水面积可大一些。表 6-2 所示为不同道路纵坡所对应的场地内雨水口的间距。

由于地形条件不同,道路交叉口的坡度有不同的组合方式,应根据各条道路的坡向来判断积水的情况。坡向两两相对有积水点,位于道路交叉点曲线中点;坡向两两相离或坡向一致,则往往没有积水点。雨水口的位置和数量由交叉口的积水点决定(图 6-20)。

表 6-2 场地内雨水口的间距

道路纵坡(%)	雨水口间距/m	备注
<0.3	30～40	当道路纵坡大于 0.3%或汇水面积大于 30000m² 时，雨水口宜加密设置
0.3～0.4	40～50	
0.4～0.6	50～60	
0.6～0.7	60～70	
0.7～3.0	80	

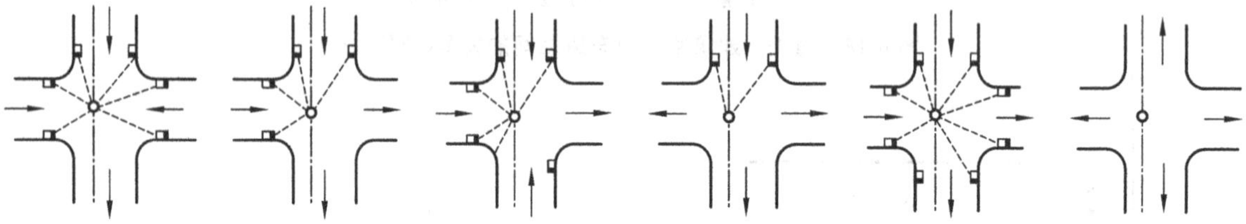

图 6-20 道路交叉口和雨水口的布置

2. 明沟布置

(1) 明沟断面：明沟的断面形状通常有三种，即梯形、矩形和三角形。这些断面形状各有其适用条件和特点。

① 梯形断面：适用于土质较好的地区，流量较大时也能保持稳定。

② 矩形断面：适用于空间受限且需要较高流量的区域。

③ 三角形断面：适用于流量较小或地形起伏较大的地方，有利于引导雨水。

(2) 明沟的边坡要求：视土质及铺砌条件而定。(表 6-3)

① 无铺砌的明沟边坡：边坡的陡缓程度取决于土质条件。一般而言，土质较松软时边坡应较缓，土质较坚硬时边坡可较陡。

② 用砖石或混凝土铺砌的梯形明沟：这种明沟的边坡设计要求较为严格，一般可采用 1∶0.75～1∶1.00 的边坡。这种设计能提高边坡的稳定性和耐久性，适用于流量较大且需要长期使用的明沟。

表 6-3 土壤性质与边坡选择

土壤性质	边坡坡度
密实的细砂、中砂、粗砂或轻亚黏土	1∶1.5～1∶2.0
粉质黏性土或黏土、砾石或卵石	1∶1.25～1∶1.5
半岩性土	1∶0.5～1∶1.0
风化岩石	1∶0.25～1∶0.5
岩石	1∶0.1～1∶0.25
粉砂	1∶3.0～1∶3.5
松散的细砂、中砂、粗砂	1∶2.0～1∶2.5

(3) 雨水明沟的纵坡和流速：最小设计纵坡不宜小于 5‰，困难时不宜小于 3‰，特困难时不

宜小于2‰。

(4) 排水明沟的结构断面图(图6-21、图6-22)

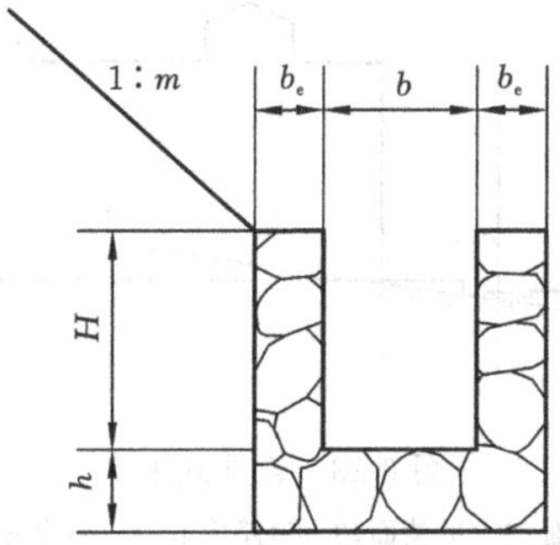

图6-21 矩形排水明沟的结构断面图

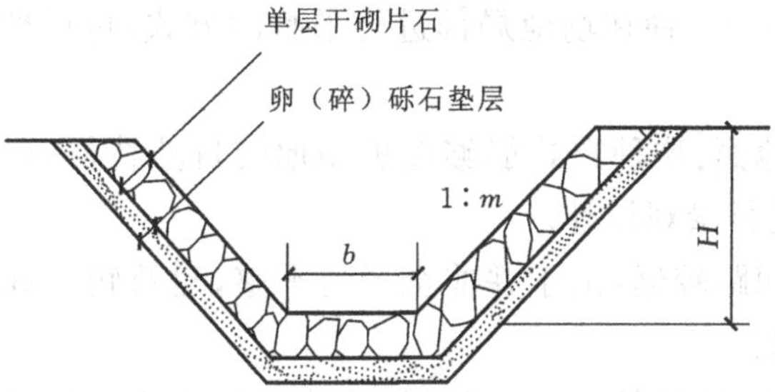

图6-22 梯形排水明沟结构断面图

3. 明沟计算步骤

(1) 在竖向设计图上划分排水流向,确定排水系统;

(2) 根据排水系统,划分每一支段沟(管)的排水范围,确定每一支段的径流系数,干沟(管)所负担的总的汇水面积应等于支段沟(管)的汇水面积之和;

(3) 根据场地整平标高、建(构)筑物室内外地坪标高,以及铁路、道路标高,确定各沟(管)的标高和坡度;

(4) 进行水力计算,确定每一支段沟(管)负担的雨水量,选择明沟(管)的断面尺寸;

(5) 检查明沟(管)的通过流量能力及流速是否符合要求。

6.5 确定场地平土方式及其标高

6.5.1 场地平土方式

1. 连续式

连续式平土是一种将场地整体进行平整的方式,具有以下特点(图6-23):

① 有利于建(构)筑物、管线、道路的布置:连续平整的地形使得建筑物、管线和道路的布局更加整齐和合理,有助于提高施工效率和工程质量。

② 便于管理:由于地形平整,日常维护和管理更加方便,减少了高差带来的复杂性和维护成本。

③ 土方量大：由于整个场地都需要进行平整，土方工程量较大，因此，需要较多的时间和资源进行施工。

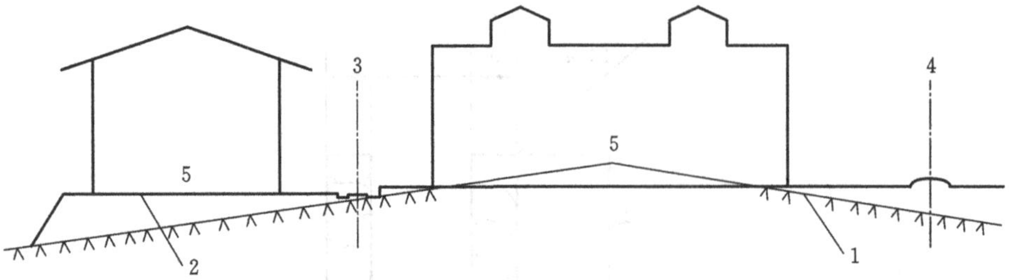

图 6-23 连续式平土

1—自然地面；2—平整面；3—道路中心；4—铁路中心；5—车间

2. 重点式

重点式平土(图 6-24)是一种在场地局部进行平整的方式，可保留部分自然地形，具有以下特点：

① 局部保留原自然地面：这种方式能够保护场地的自然特征，减少对生态环境的破坏，同时也可以利用原有地形进行景观设计。

② 有些建(构)筑物间距较远：由于并非全场地平整，建筑物之间的间距可能较大，适用于需要保留自然环境的项目。

③ 交通运输线路较长，管线较长：局部平整可能导致交通和管线布局较为复杂，需要设计较长的线路来连接不同区域。

④ 土方量较小：仅对局部进行平整，土方工程量相对较小，节约了施工成本和时间。

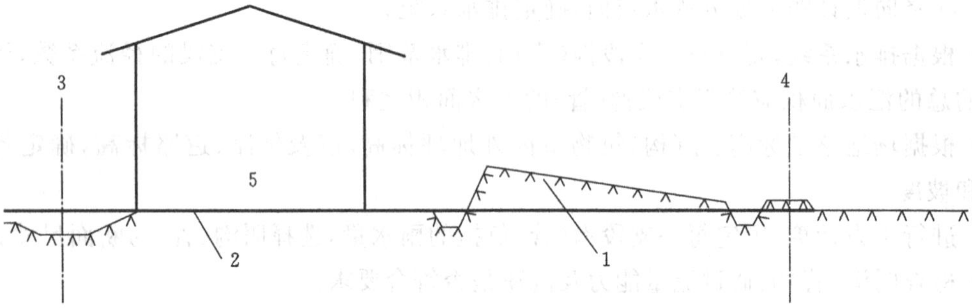

图 6-24 重点式平土

1—自然地面；2—平整面；3—道路中心；4—铁路中心；5—车间

6.5.2 确定场地平土标高的原则

(1) 保证场地不受洪水淹没，且使场地雨水能迅速排除。

(2) 必须满足场地内外运输要求：

① 保证场地交通运输线路与铁路接轨点和城市道路连接的可能性；

② 建筑物与构筑物之间相互联系的可能性。

(3) 场地平土标高应高于地下水位。

(4) 尽量减少土石方工程量和基础工程量，并使填、挖方接近平衡。

① 设计地面尽量与自然地面接近；

② 地形变化较大的坡地场地，可充分利用自然地形，避免大填大挖。

(5) 满足建筑物室内外高差要求。

(6) 考虑基槽余土和土层松散系数对场地标高的影响。

6.5.3 场地平土标高方法

1. 方格网法

(1) 确定场地的平土范围，一般以批准的初步设计方案的围墙为准。

(2) 选定场地坐标系统，根据场地大小选用测量坐标系统或施工坐标系统、施工坐标系统和测量坐标系统的表达和换算关系。

(3) 建立坐标方格网，沿坐标系统的基轴，将场地以5的倍数划分成适当大小的方格。在初步设计阶段，方格边长一般采用25m、50m；在施工图设计阶段，方格边长一般采用10m、20m、40m。

(4) 在方格网的每个角点右下方标注自然地面标高，再根据自然地形坡度、排水要求及交通运输线路的技术条件，确定设计地面横向坡度 i_x（宜采用5‰～20‰）以及纵向坡度 j_y（宜采用2‰～10‰）。

(5) 确定坐标方格网原点 O 的设计标高 C_0。这一标高含有三个高度：自然地面的平均高度，由于设计横坡和纵坡增加的高度，考虑场地建（构）筑基础和管线、道路、铁路的基槽余土量增加的高度。（图6-25、图6-26）

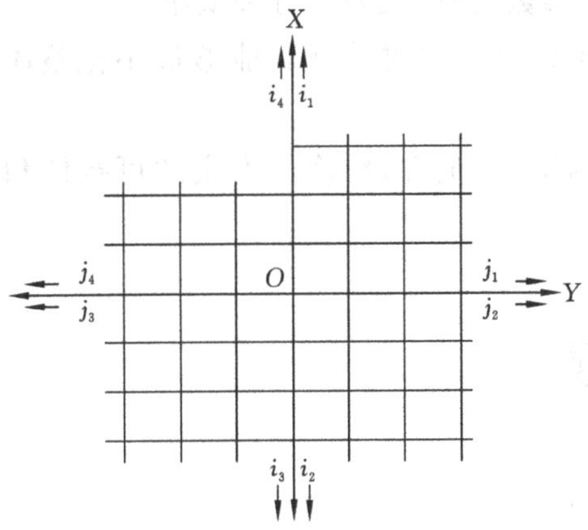

图6-25 坐标系统及方格网

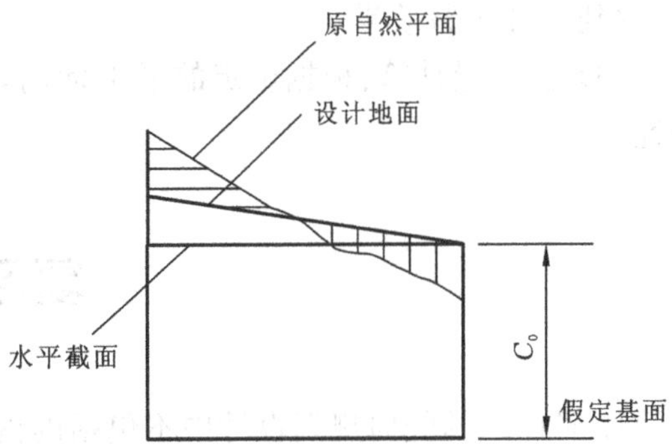

图6-26 自然地面、假定基面和设计地面

2. 断面法

采用将场地全部标高提高或降低统一高度的办法来确定场地平土标高。

(1) 在场地平土范围内布置断面；

(2) 根据自然地面的标高，绘出各条断面线上的横断面；

(3) 在横断面图上绘出假定的平土线，其标高为 H_0；

(4) 计算由假定的平土标高和自然标高之间所包围的各断面的面积及平土范围的体积；

(5) 计算设计的平土标高 $H_平$，求出所有断面的面积后，即可用公式求出 $H_平$。

3. 经验估算法

经验估算法是一种根据工程实践中积累的经验，对场地平整标高进行快速、简便估算的方法。这种方法通常用于初步设计阶段或时间紧迫、数据不全的情况下。

（1）场地勘察：对场地进行初步勘察，了解地形起伏、土质条件和现有设施布局等基本信息。

（2）参考经验数据：查阅和分析以往类似项目的平土数据，提取相关的经验参数，如土方量、平整标高等。

（3）标高估算：结合当前场地条件和经验参数，对场地平整标高进行初步估算。具体操作包括：

① 确定场地的高、低点及其大致标高。

② 估算场地的平均标高。

③ 根据经验调整标高以适应具体条件，如排水要求、建筑基础高度等。

（4）调整与验证：根据现场情况和初步估算结果，进行必要的调整和验证，确保估算结果的合理性和可行性。

4. 最小二乘法

最小二乘法的核心思想是通过调整拟合曲线或平面的参数，使得测量数据点与拟合模型之间的误差平方和最小化。应用于场地平土标高设计中，就是通过拟合地形数据，求出最佳平土标高，使得土方工程量最小化或满足其他设计要求。

（1）数据采集：进行详细的地形测量，获取场地各测点的实际标高数据。

（2）建立数学模型：选择适当的拟合模型，如线性拟合、二次曲面拟合等。

（3）构建误差函数：对于每个测点，计算拟合模型的预测值。

（4）求解最小二乘：构建误差平方和，通过求解模型参数，使得误差平方和最小。

（5）平土标高确定：根据拟合模型，确定场地的平土标高。此时的标高能够最小化整体误差，达到最佳平整效果。

（6）土方量计算：根据确定的平土标高，计算所需的填、挖土方量，确保方案的可行性和经济性。

复习思考题

1. 居住区的竖向规划设计中不包括的内容是（　　）。

A.地形、地貌的利用　　B.确定道路控制标高

C.建筑物之间的间距控制　　D.地面排水规划

2. 关于建筑基地地面的高程与城市道路的关系，下列说法正确的是（　　）。

A.基地地面最低处高程宜高于相邻城市道路的最低高程

B.基地地面最低处高程宜低于相邻城市道路的最低高程

C.基地地面最高处高程宜低于相邻城市道路的最低高程

D.基地地面的平均高程宜低于相邻城市道路的平均高程

3. 在进行场地竖向设计时，下列说法错误的是（　　）。

A.自然地形坡度大时宜采用台阶式

B.自然地形坡度小时宜采用平坡式

C.根据使用要求和地形特点可采用混合式

D.选择台阶式或平坡式可根据情况确定，无明确规定

4. 某场地地形坡度为 9%，场地内建筑密度较大，在进行场地平整时，应采用(　　)竖向布置方式。

A.重点式　　B.平坡式　　C.斜坡式　　D.台阶式

5. 在设计地面时，整平连接方式有(　　)。

Ⅰ.斜坡式；Ⅱ.平坡式；Ⅲ.台阶式；Ⅳ.混合式

A.Ⅱ、Ⅲ、Ⅳ　　B.Ⅰ、Ⅱ　　C.Ⅰ、Ⅱ、Ⅲ　　D.Ⅱ、Ⅲ

6. 进行建筑基地的地面平整时，坡度不应小于(　　)。

A.0.1%　　B.0.2%　　C.0.3%　　D.0.4%

7. 山地地形根据其坡度的不同进行划分，下列(　　)坡度为缓坡地。

A.3%以下　　B.3%～10%　　C.10%～25%　　D.25%～50%

8. 在坡地坡度的分级中，(　　)是中坡地与陡坡地的分界线。

A.10%　　B.25%　　C.30%　　D.50%

9. 基地内人行道的纵坡大于(　　)时宜设踏步。

A.5%　　B.8%　　C.10%　　D.12%

10. 当居住区自然坡度大于 8%时，宜选用(　　)地面连接方式。

A.坡地式　　B.平坡式　　C.平阶式　　D.台阶式

参考答案

7 管线布置

学习目标和要求

1. 掌握管线工程的定义、分类、相关技术名词与管线的敷设方式。
2. 掌握管线布置原则。
3. 了解管线综合设计，掌握其布置间距标准。

7.1 管线工程概述

管线工程概述

7.1.1 管线工程的定义

管线工程是城市管网工程的延伸，是场地设计不可或缺的组成部分。管线工程的设计就是统筹安排各种管线的布置，妥善解决管线之间以及管线与建筑物、绿化、道路之间的关系，为各种管线的施工和管理创造良好的条件。

7.1.2 管线工程的分类

管线的种类很多，按其性质、用途可分为以下几种：

（1）给水管线。一般是指生活用水管和消防用水管，其管材常用铸铁管、钢管，也可用石棉水泥管。

（2）排水管线。一般是指生活污水管和雨水管，其管材一般为混凝土管、陶土管和砖、石砌筑管沟，承压大时采用钢筋混凝土管。

（3）电力线路。电力线路包括高压、低压线路，一般是指配电线和路灯照明线，其材料为铝或铜，其附属设施有手孔。

（4）电信线路。一般是指电话、有线广播、监控、有线电视、闭路电视和宽带等线路，可采用裸导线、绝缘导线或电缆，可架空、埋地或在地沟敷设，其附属设施有手孔。

（5）热力管线。热力管是指将锅炉产生的蒸汽或热水输送给用户的管道，一般指采暖管、热水管和蒸汽管。其材料一般为钢管，管外包有保温材料。

（6）燃气管线。燃气管是指天然气管、液化气管或煤气管等，其管材用钢管和塑料管，中低压时也可用铸铁管。燃气管的附属设施有阀门井、抽水井和中低压调压箱。燃气管是压力管线，可以弯曲。

7.1.3 相关技术名词

（1）压力管线是指管道内的介质在外部施加的压力下流动的工程管线。给水管、燃气管的管道等均为压力管线，管线可以弯曲。

（2）重力自流管线是指利用介质在重力作用下向低处流动的特性而预先设置流动方向的

工程管线,如污水管和雨水管。其特征是只要流动方向无阻挡,该介质依靠重力作用总往低处流动;若有阻挡,介质达到阻挡物高度时仍可流动。管道内介质可塑性强,任何管道形状均可适应,管线不能弯曲。

(3) 可弯曲管线是指通过某些加工措施易弯曲的工程管线。

(4) 不可弯曲管线是指通过某些加工措施不易弯曲的工程管线。

(5) 管线水平净距是指水平方向敷设的相邻管线外表面之间的水平距离。

(6) 管线垂直净距是指两条管线上下交叉敷设时,从上面管线外壁最低点到下面管线外壁最高点之间的垂直距离。

7.1.4 管线的埋设深度

管线覆土深度:从地面到管顶(外壁)的距离。

管线埋设深度:雨水管(或污水管)的埋设深度是指从地面到管底内壁的距离,即地面标高减去管底标高。热力管和燃气管的埋设深度是指从地面到管道中心的距离。(图 7-1)

冰冻线:土壤冰冻层的深度。

管线高度:从地面到地面管线和架空管线管底(外壁)的距离。

场地管线的综合设计范围:从城市管线接入点至各个建筑物外墙之间的区域。

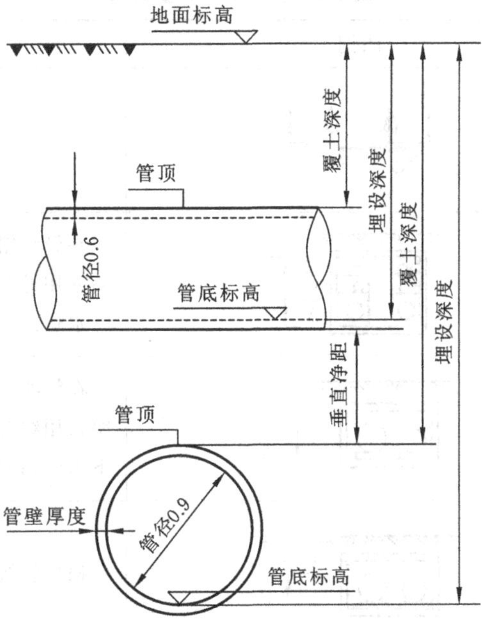

图 7-1 管线的埋设深度

严寒或寒冷地区给水、排水、再生水、直埋电力及湿燃气等工程管线,应根据土壤冰冻深度确定管线覆土深度;非直埋电力、通信、热力及干燃气等工程管线以及严寒或寒冷地区以外地区的工程管线,应根据土壤性质和地面承受荷载的大小确定管线的覆土深度。工程管线的最小覆土深度应符合表 7-1 的规定。当受条件限制不能满足要求时,可采取安全措施来减少其最小覆土深度。

表 7-1 工程管线的最小覆土深度

单位：m

管线名称		给水管线	排水管线	再生水管线	电力管线		通信管线		直埋热力管线	燃气管线	管沟
					直埋	保护管	直埋及塑料、混凝土保护管	钢保护管			
最小覆土深度	非机动车道（含人行道）	0.60	0.60	0.60	0.70	0.50	0.60	0.50	0.70	0.60	—
	机动车道	0.70	0.70	0.70	1.00	0.50	0.90	0.60	1.00	0.90	0.50

7.1.5 管线的敷设方式

管线的敷设方式与建设项目的性质、管线用途、场地条件、施工方法、维护和检修要求等诸多因素有关。常见的管线敷设方式有四种。

1. 地下布置

地下布置包括直埋式、管沟式、共沟式。其特点是能避免管线受到机械损伤，安全可靠，地面整洁，有利于节能、卫生、环保，形成良好的场地景观。（表 7-2）

表 7-2 管线地下布置方式

类型	图例	适用场景
直接埋地	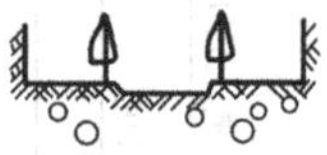	一般自流、防冻及防止温度升高的管线
管沟（可通行）	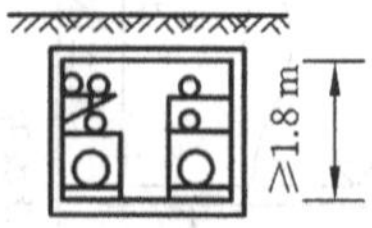	在管线密集的地段，经过技术经济比较，证明采用综合管沟经济合理时，但不宜用于地下水位高的地区（因防水设施投资较大）
管沟（半通行）	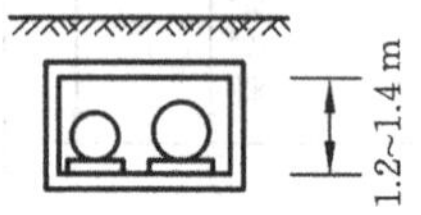	在管线密集的地段，经过技术经济比较，证明采用综合管沟经济合理时，但不宜用于地下水位高的地区（因防水设施投资较大）
管沟（不可通行）	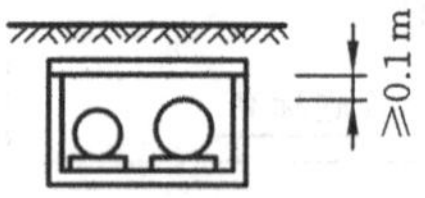	根据管线本身的需要
管沟（盖板露出地面）	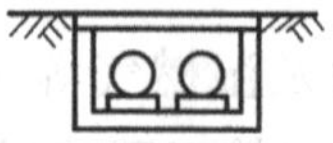	根据管线本身的需要
管涵		管线穿过铁路车站时

2. 沿地面、建筑物、构筑物布置

这种布置方式包括路堤式、管枕式、墙架式、沿桥式等。其特点是造价低、施工简单、维修方

便，但会影响地面交通和场地美观。（表 7-3）

表 7-3 管线沿地面、建筑物、构筑物布置的方式

类型	图例	适用场景
沿墙架布置 （一）	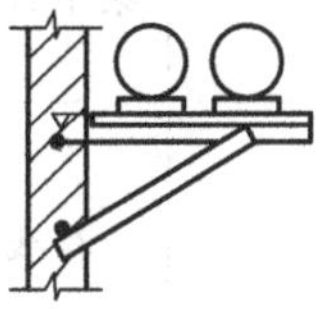	当管径较小，管道数量较少，且有可能沿建筑物的墙壁敷设时
沿墙架布置 （二）	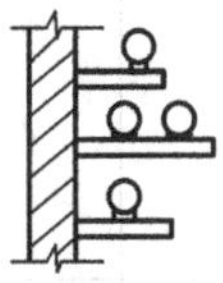	当管径较小，管道数量不多，且有可能沿建筑物的墙壁敷设时
沿挡土坡布置	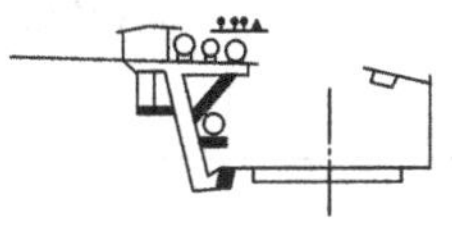	在管线与挡土墙有可能结合考虑的特定条件下
与挡土墙、排洪沟结合布置	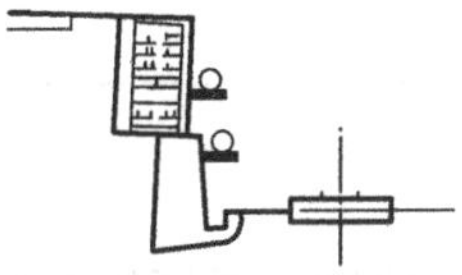	当管线受地段条件限制，有可能与挡土墙或排洪沟结合考虑时
沿桥布置		管线跨过河流，利用桥梁布置管线

3. 架空布置

架空布置包括管架式、桥架式、支撑式等。其特点是造价低、施工简单、维修方便，不会对地面交通产生影响，但是影响美观。（表 7-4）

表 7-4 管线架空布置方式

类型	图例	适用场景
低管架		当管道高度只需满足场地内人行要求时
中管架	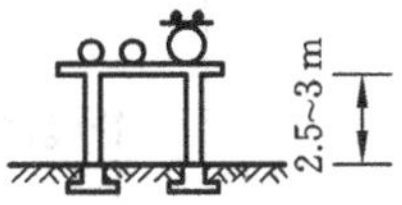	仅满足跨越场地内人行道的净空要求，当与车行道交叉时，管架需局部抬高

续表7-4

类型	图例	适用场景
高管架	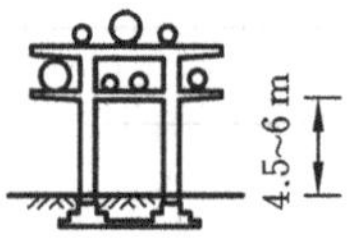	管道高度满足场地内交通运输要求，管线集中、占地少，但管架高大，土建投资较高
桥架		存线高度集中，且需要较大跨度时
吊索管架	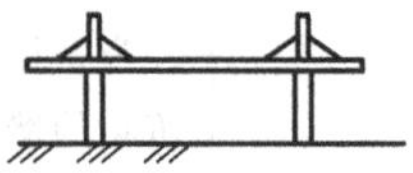	管径较小，需要大跨度时
悬索管架		管径较小，需要大跨度时
拱形管道		利用管道本身的强度跨越铁路、道路、河溪等

4. 混合式

混合式综合了前三种布置方式的优点，在不同的地段对管线采用不同的敷设方式。（表 7-5）

表 7-5　管线混合布置方式

类型	图例	适用场景
管枕与管架混合布置（一）		沿地面敷设的管道跨过沟槽时，将局部管线布置在管架上
管枕与管架混合布置（二）	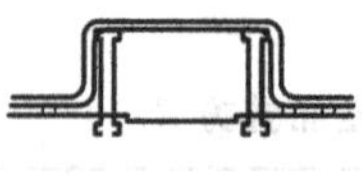	沿地面敷设的管道跨过道路时
多层混合布置（一）	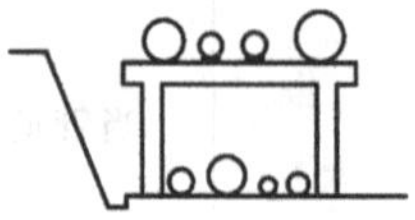	管道集中且不影响交通时
多层混合布置（二）	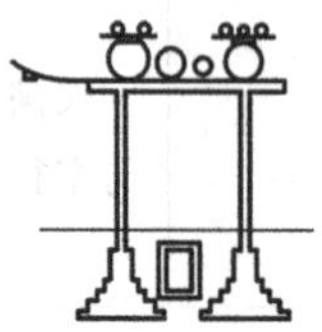	管线高度集中时

续表7-5

类型	图例	适用场景
多层混合布置（三）	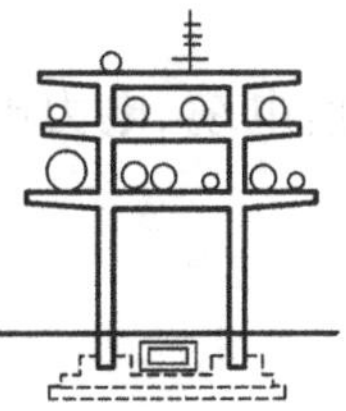	管线高度集中，且多层布置，占地最少，但要合理安排施工顺序
多层混合布置（四）		管线高度集中，地段条件困难，特定情况采用

7.2 管线布置的原则

7.2.1 管线布置的基本原则

(1) 采用和城市统一的坐标系统和高程系统。

(2) 应与场地总平面布置、竖向布置、绿化及景观设计统一考虑。

管线布置需与场地建筑物、道路、广场、停车场和绿化景观等相协调，既使管线之间相互协调、紧凑合理，又不影响交通、采光、景观和安全。合理选择管线的走向，其平面布置力求顺直、短捷，并尽量减少管线与道路的交叉、管线之间的交叉，避免管道与附属构筑物交叉。此外，管线应与竖向布置相协调。

(3) 合理布置有关工程设施，处理好远期、近期建设的关系。

① 避免管线与管线附属建筑物、构筑物之间的冲突。

② 处理好管线工程的远期、近期建设，不影响发展。

③ 合理布置改、扩建工程的管线。

(4) 处理好管线综合的各种矛盾，当管线敷设产生矛盾时，应按下列原则进行避让处理：

① 压力管道让重力自流管道；

② 可弯曲管线让难弯曲或不易弯曲管线；

③ 分支管线让主干管线；

④ 小管径管线让大管径管线；

⑤ 临时性管线让永久性管线；

⑥ 施工工程量小的管线让施工工程量大的管线；

⑦ 新建管线让原有管线。

7.2.2 地下管线布置的原则

场地中的管线一般采用地下敷设方式。管线的敷设应不影响建筑物的安全，应根据管线的性质和要求进行综合布置，地下管线的走向应平行于道路或主体建筑，不要将管线置于道路之

下。(图 7-2)

(1) 地下管线的布置，从建筑物基础外缘开始向道路中心线的顺序是：电信电缆、电力电缆、热力管、燃气管、给水管、雨水管、污水管。

(2) 地下管线的布置，由浅到深的顺序是：电信电缆、电力电缆、燃气管、热力管、给水管、雨水管、污水管。

(3) 地下管线应布置在车行道以外的地段。

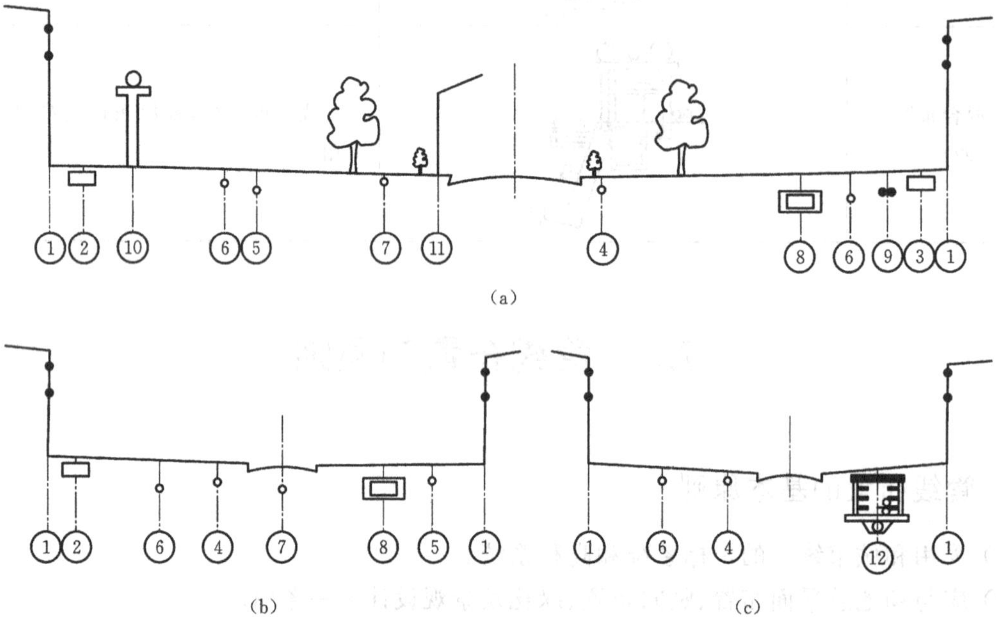

图 7-2 地下管线布置

(a)主要通道管线布置图；(b)次要通道管线布置图；(c)带综合管沟的管线布置图

1—基础外缘；2—电力电缆；3—电信电缆；4—生活饮用水和消防给水管；5—生产给水管；
6—排水管；7—雨水管；8—热力管沟、压缩空气管；9—乙炔管、氧气管；10—燃气管；11—照明电杆；
12—可通行的综合地沟(设有生产给水管、热力管、压缩空气管、雨水管、电力电缆、电信电缆等)

(4) 性质相似、埋深接近的管线，有条件的可共沟布置；互相干扰、影响的管线不能共沟布置。例如，避免饮用水管和污水管及有腐蚀性、有毒的管线共沟布置，避免电力电缆和其他金属管线靠近布置。表 7-6 所示为不同性质地下管线的布置原则。

表 7-6 不同性质地下管线的布置

管线名称	不应与其共沟敷设的管线	备注
热力管	冷却水管，饮用水管，电缆，易燃液体管，燃气管	电缆应离热力管 2m 远，如近于 2m，需加石棉板隔热
消防水管	易燃液体管，高压电线(缆)，加热液体管，可燃液体管	
上水管	易燃液体管，可燃液体管、气体管，高压电线(缆)	生活上水管与下水管分别设于道路两侧，以免上水负压时下水渗入，污染上水
燃气管	电缆，液体燃料管，油管，氧气管，乙炔管	
石油产品管(汽油、煤油)	热石油产品管(如重油、沥青)	

续表7-6

管线名称	不应与其共沟敷设的管线	备注
氧气管 (管径大于150mm)	各种管线	在有通风装置、管子密闭、禁火的情况下才可以同设
电缆 (电力、电信)	易燃液体管,可燃液体管,燃气管,乙炔管,油管	电缆应远离振动车间,以免影响其机械强度
通行管沟	燃气管,污水管,雨水管,氧气管,乙炔管,石油管,有毒、有臭味及有坡度限制的管线,管子损坏后发生干扰的管线	

(5) 地下管线可敷设在绿化带下,但不要布置在乔木下面。

(6) 地下管线交叉时,应符合下列要求:

① 将燃气等易燃物的管道布置在其他管道上面。

② 给水管在污水管的上面。

③ 电力电缆应在热力管和电信电缆的下面、其他管线的上面。

④ 检修多的、管径小的在上方。

⑤ 压力管让重力管。

7.3 管线综合设计

7.3.1 管线综合设计概述

待各专业设计人员提供各自的管线设计图后,由建筑师对管线进行综合设计,妥善解决各专业之间的矛盾,统一布置各类工程管线,将各专业的管线布置在同一张图上,并注明各种管线的名称(多用代号)、管径、标高。管线布置比较复杂的地段,要绘制剖面图或详图。

7.3.2 布置间距

管线布置间距包括两方面的内容:一是各种管线之间的距离,二是管线与建筑物、构筑物、道路、绿化等之间的距离。

(1) 各管线之间的间距是指为避免管线之间相互干扰,管线和管线之间应保持的一定距离,包括水平净距和垂直净距。

(2) 腐蚀、沉降、震动、重压对管线、建筑物、构筑物、道路会产生影响,树木的生长也会对管线产生影响,因此,管线与建筑物、构筑物、道路、绿化之间需保持一定的距离。

表7-7所示为各工程管线之间及其与建筑物、构筑物、道路、绿化等之间的最小水平净距,表7-8所示为工程管线交叉时的最小垂直净距。

表 7-7　各工程管线之间及其与建筑物、构筑物、道路、绿化等之间的最小水平净距

单位:m

序号	管线及建(构)筑物名称			1	2		3	4	5					6	7		8		9	10	11	12			13	14	15
				建(构)筑物	给水管线		污水、雨水管线	再生水管线	燃气管线					直埋热力管线	电力管线		通信管线		管沟	乔木	灌木	地上杆柱			道路侧石边缘	有轨电车钢轨	铁路钢轨(或坡脚)
					$d\leqslant$ 200mm	$d>$ 200mm			低压	中压		次高压			直埋	保护管	直埋	管道、通道				通信照明及<10kV	高压铁塔基础边				
										B	A	B	A										≤35kV	>35kV			
1	建(构)筑物			—	1.0	3.0	2.5	1.0	0.7	1.0	1.5	5.0	13.5	3.0	0.6		1.0	1.5	0.5	—	—	—			—	—	—
2	给水管线	$d\leqslant$200mm		1.0	—		1.0	0.5	0.5			1.0	1.5	1.5	0.5		1.0		1.5	1.5	1.0	0.5	3.0		1.5	2.0	5.0
		$d>$200mm		3.0			1.5																				
3	污水、雨水管线			2.5	1.0	1.5	—	0.5	1.0	1.2		1.5	2.0	1.5	0.5		1.0		1.5	1.5	1.0	0.5	1.5		1.5	2.0	5.0
4	再生水管线			1.0	0.5		0.5	—	0.5			1.0	1.5	1.0	0.5		1.0		1.5	1.0		0.5	3.0		1.5	2.0	5.0
5	燃气管线	低压	$P<$ 0.01MPa	0.7	0.5		1.0	0.5	$DN\leqslant$300mm,0.4 $DN>$300mm,0.5					1.0	0.5	1.0	0.5	1.0	1.0	0.75		1.0	1.0	2.0	1.5	2.0	5.0
		中压 B	0.01MPa≤ $P\leqslant$0.2MPa	1.0			1.2												1.5								
		中压 A	0.2MPa< $P\leqslant$0.4MPa	1.5																							
		次高压 B	0.4MPa< $P\leqslant$0.8MPa	5.0	1.0		1.5	1.0						1.5	1.0		1.0		2.0	1.2				5.0	2.5		
		次高压 A	0.8MPa< $P\leqslant$1.6MPa	13.5	1.5		2.0	1.5						2.0	1.5		1.5		4.0								
6	直埋热力管线			3.0	1.5		1.5	1.0	1.0			1.5	2.0	—	2.0		1.0		1.5	1.5		1.0	3.0 (>330kV,5.0)		1.5	2.0	5.0

续表7-7

<table>
<tr><td rowspan="4">序号</td><td rowspan="4" colspan="3">管线及建(构)筑物名称</td><td>1</td><td colspan="2">2</td><td>3</td><td>4</td><td colspan="5">5</td><td>6</td><td colspan="2">7</td><td colspan="2">8</td><td>9</td><td>10</td><td>11</td><td colspan="3">12</td><td>13</td><td>14</td><td>15</td></tr>
<tr><td rowspan="3">建(构)筑物</td><td colspan="2">给水管线</td><td rowspan="3">污水、雨水管线</td><td rowspan="3">再生水管线</td><td colspan="5">燃气管线</td><td rowspan="3">直埋热力管线</td><td colspan="2">电力管线</td><td colspan="2">通信管线</td><td rowspan="3">管沟</td><td rowspan="3">乔木</td><td rowspan="3">灌木</td><td colspan="3">地上杆柱</td><td rowspan="3">道路侧石边缘</td><td rowspan="3">有轨电车钢轨</td><td rowspan="3">铁路钢轨(或坡脚)</td></tr>
<tr><td rowspan="2">d≤200mm</td><td rowspan="2">d>200mm</td><td rowspan="2">低压</td><td colspan="2">中压</td><td colspan="2">次高压</td><td rowspan="2">直埋</td><td rowspan="2">保护管</td><td rowspan="2">直埋</td><td rowspan="2">管道、通道</td><td rowspan="2">通信照明及<10kV</td><td colspan="2">高压铁塔基础边</td></tr>
<tr><td>B</td><td>A</td><td>B</td><td>A</td><td>≤35kV</td><td>>35kV</td></tr>
<tr><td rowspan="2">7</td><td rowspan="2" colspan="2">电力管线</td><td>直埋</td><td rowspan="2">0.6</td><td rowspan="2" colspan="2">0.5</td><td rowspan="2">0.5</td><td rowspan="2">0.5</td><td colspan="3">0.5</td><td rowspan="2">1.0</td><td rowspan="2">1.5</td><td rowspan="2">2.0</td><td>0.25</td><td>0.1</td><td rowspan="2" colspan="2"><35kV,0.5
≥35kV,2.0</td><td rowspan="2">1.0</td><td rowspan="2" colspan="2">0.7</td><td rowspan="2">1.0</td><td rowspan="2" colspan="2">2.0</td><td rowspan="2">1.5</td><td rowspan="2">2.0</td><td rowspan="2">10.0(非电气化,3.0)</td></tr>
<tr><td>保护管</td><td colspan="3">1.0</td><td>0.1</td><td>0.1</td></tr>
<tr><td rowspan="2">8</td><td rowspan="2" colspan="2">通信管线</td><td>直埋</td><td>1.0</td><td rowspan="2" colspan="2">1.0</td><td rowspan="2">1.0</td><td rowspan="2">1.0</td><td colspan="3">0.5</td><td rowspan="2">1.0</td><td rowspan="2">1.5</td><td rowspan="2">1.0</td><td rowspan="2" colspan="2"><35kV,0.5
≥35kV,2.0</td><td rowspan="2" colspan="2">0.5</td><td rowspan="2">1.0</td><td rowspan="2">1.5</td><td rowspan="2">1.0</td><td rowspan="2">0.5</td><td rowspan="2">0.5</td><td rowspan="2">2.5</td><td rowspan="2">1.5</td><td rowspan="2">2.0</td><td rowspan="2">2.0</td></tr>
<tr><td>管道、通道</td><td>1.5</td><td colspan="3">1.0</td></tr>
<tr><td>9</td><td colspan="3">管沟</td><td>0.5</td><td colspan="2">1.5</td><td>1.5</td><td>1.5</td><td>1.0</td><td colspan="2">1.5</td><td>2.0</td><td>4.0</td><td>1.5</td><td colspan="2">1.0</td><td colspan="2">1.0</td><td>—</td><td>1.5</td><td>1.0</td><td>1.0</td><td colspan="2">3.0</td><td>1.5</td><td>2.0</td><td>5.0</td></tr>
<tr><td>10</td><td colspan="3">乔木</td><td rowspan="2">—</td><td colspan="2">1.5</td><td>1.5</td><td rowspan="2">1.0</td><td rowspan="2" colspan="3">0.75</td><td rowspan="2" colspan="2">1.2</td><td rowspan="2">1.5</td><td rowspan="2" colspan="2">0.7</td><td colspan="2">1.5</td><td>1.5</td><td rowspan="2" colspan="2">—</td><td rowspan="2">—</td><td rowspan="2" colspan="2">—</td><td rowspan="2">0.5</td><td rowspan="2">—</td><td rowspan="2">—</td></tr>
<tr><td>11</td><td colspan="3">灌木</td><td colspan="2">1.0</td><td>1.0</td><td colspan="2">1.0</td><td>1.0</td></tr>
<tr><td rowspan="3">12</td><td rowspan="3">地上杆柱</td><td colspan="2">通信照明及<10kV</td><td rowspan="3">—</td><td colspan="2">0.5</td><td>0.5</td><td>0.5</td><td colspan="5">1.0</td><td>1.0</td><td colspan="2">1.0</td><td colspan="2">0.5</td><td>1.0</td><td colspan="2">—</td><td rowspan="3" colspan="3">—</td><td rowspan="3">0.5</td><td rowspan="3">—</td><td rowspan="3">—</td></tr>
<tr><td rowspan="2">高压塔基础边</td><td>≤35kV</td><td rowspan="2" colspan="2">3.0</td><td rowspan="2">1.5</td><td rowspan="2">3.0</td><td colspan="5">1.0</td><td rowspan="2">3.0(>330kV,5.0)</td><td rowspan="2" colspan="2">2.0</td><td colspan="2">0.5</td><td rowspan="2">3.0</td><td rowspan="2" colspan="2">—</td></tr>
<tr><td>>35kV</td><td colspan="3">2.0</td><td colspan="2">5.0</td><td colspan="2">2.5</td></tr>
<tr><td>13</td><td colspan="3">道路侧石边缘</td><td>—</td><td colspan="2">1.5</td><td>1.5</td><td>1.5</td><td colspan="3">1.5</td><td colspan="2">2.5</td><td>1.5</td><td colspan="2">1.5</td><td colspan="2">1.5</td><td>1.5</td><td colspan="2">0.5</td><td colspan="3">0.5</td><td>—</td><td>—</td><td>—</td></tr>
<tr><td>14</td><td colspan="3">有轨电车钢轨</td><td>—</td><td colspan="2">2.0</td><td>2.0</td><td>2.0</td><td colspan="5">2.0</td><td>2.0</td><td colspan="2">2.0</td><td colspan="2">2.0</td><td>2.0</td><td colspan="2">—</td><td colspan="3">—</td><td>—</td><td>—</td><td>—</td></tr>
<tr><td>15</td><td colspan="3">铁路钢轨(或坡脚)</td><td>—</td><td colspan="2">5.0</td><td>5.0</td><td>5.0</td><td colspan="5">5.0</td><td>5.0</td><td colspan="2">10.0(非电气化,3.0)</td><td colspan="2">2.0</td><td>3.0</td><td colspan="2">—</td><td colspan="3">—</td><td>—</td><td>—</td><td>—</td></tr>
</table>

表 7-8　工程管线交叉时的最小垂直净距

单位：m

序号	管线名称		给水管线	污水、雨水管线	热力管线	燃气管线	通信管线		电力管线		再生水管线
							直埋	保护管及通道	直埋	保护管	
1	给水管线		0.15								
2	污水、雨水管线		0.40	0.15							
3	热力管线		0.15	0.15	0.15						
4	燃气管线		0.15	0.15	0.15	0.15					
5	通信管线	直埋	0.50	0.50	0.25	0.50	0.25	0.25			
		保护管、通道	0.15	0.15	0.25	0.15	0.25	0.25			
6	电力管线	直埋	0.50*	0.50*	0.50*	0.50*	0.50*	0.50*	0.50*	0.25	
		保护管	0.25	0.25	0.25	0.15	0.25	0.25	0.25	0.25	
7	再生水管线		0.50	0.40	0.15	0.15	0.15	0.15	0.50*	0.25	0.15
8	管沟		0.15	0.15	0.15	0.15	0.25	0.25	0.50*	0.25	0.15
9	涵洞（基底）		0.15	0.15	0.15	0.15	0.25	0.25	0.50*	0.25	0.15
10	电车（轨底）		1.00	1.00	1.00	1.00	1.00	1.00	1.00	1.00	1.00
11	铁路（轨底）		1.00	1.20	1.20	1.20	1.50	1.50	1.00	1.00	1.00

注：* 用隔板分隔时不得小于 0.25m。

复习思考题

1. 关于蒸汽管的敷设原则，下列(　　)是不正确的。

A.架空敷设

B.埋地敷设

C.地沟敷设

D.不可与燃气管共架敷设

2. 关于热水管的敷设原则，下列(　　)是不正确的。

Ⅰ.架空敷设；Ⅱ.埋地敷设；Ⅲ.地沟敷设；Ⅳ.与煤气管共架敷设

A.Ⅰ、Ⅱ　　B.Ⅱ、Ⅲ　　C.Ⅱ、Ⅳ　　D.Ⅰ、Ⅳ

3. 在管线布置中发生交叉是不可避免的，下面(　　)说法是错误的。

Ⅰ.燃气管布置在其他管线下面；Ⅱ.电力电缆应在热力管和通信电缆上面；Ⅲ.氧气管应低于乙炔管，高于其他管；Ⅳ.热力管应在电缆、燃气管、给水管和排水管上面

A.Ⅰ、Ⅱ　　B.Ⅱ、Ⅲ　　C.Ⅱ、Ⅳ　　D.Ⅰ、Ⅳ

4. 下列关于地下电力电缆沟与道路的相互关系的处理方式，(　　)正确。

A.电力电缆沟不得与道路交叉布置

B.与道路交叉布置时，由电缆中心线至路面的垂直净距应大于或等于1m

C.与道路交叉布置时，由电缆沟沟底至路面的垂直净距应大于或等于1m

D.与道路交叉布置时，由电缆沟外缘至路面的垂直净距应大于或等于1m

5. 埋地管工程管线距建筑物基础有最小距离要求，下列管线中要求该距离最大的是(　　)

A.高压燃气管　　B.250mm管径给水管

C.直埋闭式热力管　　D.电力电缆

6. 地下管线之间遇到矛盾时的处理原则是什么？

7. 简述管线工程的分类。

8. 小区道路上的雨水口宜每隔多远设置一个？

9. 简述管线布置的基本原则。

参考答案

8 典型场地设计案例分析

学习目标和要求

1. 掌握典型场地的特点和设计要点。

2. 掌握典型场地的规模组成、功能关系、场地选择和总平面布置要点，并能在实际案例中结合实际情况进行应用。

8.1 托儿所、幼儿园

托儿所、幼儿园可单独设置，也可联合设置，一般联合设置较多，即在幼儿园中附设托儿班或托儿所。表 8-1 所示为托儿所、幼儿园的定义与分类。

表 8-1 托儿所、幼儿园的定义与分类

	定义	分类
托儿所	接纳 3 周岁以下的幼儿	全日制托儿所、寄宿制托儿所
幼儿园	接纳 3～6 周岁的幼儿	全日制幼儿园、寄宿制幼儿园

1. 托儿所、幼儿园的规模与组成

托儿所、幼儿园的规模不宜过大，以 4～8 个班为宜，托儿所以不超过 5 个班为宜。托儿所小班、中班每班 15～20 人，托儿所大班每班 21～35 人；幼儿园小班每班 20～25 人，中班每班 26～30 人，大班每班 31～35 人。托儿所、幼儿园由生活用房、服务用房、供应用房等组成。表 8-2 所示为托儿所、幼儿园的规模，表 8-3 所示为幼儿园用地面积和建筑面积。

表 8-2 托儿所、幼儿园的规模

规模	托儿所/班	幼儿园/班
大型	8～10	9～12
中型	4～7	5～8
小型	1～3	1～4

表 8-3 幼儿园用地面积与建筑面积 单位：m^2/人

名称	用地面积			建筑面积		
	6 班	9 班	12 班	6 班	9 班	12 班
全日制幼儿园	16.79	15.77	15.19	13.55	13.13	12.77
寄宿制幼儿园	17.58	16.53	15.91	14.05	13.51	12.96

2. 幼儿园的功能关系(图 8-1)

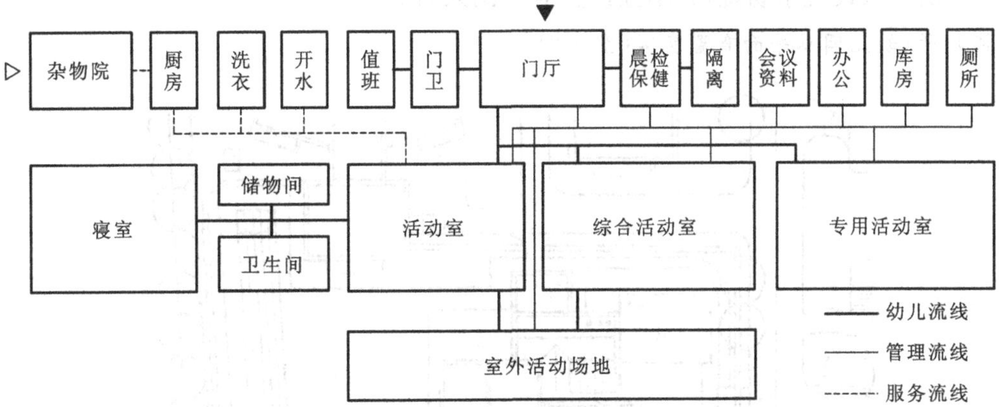

图 8-1 幼儿园的功能关系图

3. 托儿所、幼儿园的场地选择

(1) 远离各种污染源，满足卫生防护标准；

(2) 方便家长接送，避免交通干扰；

(3) 日照充足，场地干燥，排雨水通畅；

(4) 环境优美，设有集中绿化园地，严禁种植有毒、带刺的植物；

(5) 为建筑功能分区及出入口、室外游戏场地的布置提供必要条件，以便创造总体布局合理，功能分区明确，能满足幼儿生理、心理特点的环境空间；

(6) 服务半径以 300m 为宜。

4. 托儿所、幼儿园的总平面布置

(1) 大中型幼儿园应设两个出入口，主出入口供家长及幼儿进出，次出入口通往杂物院。出入口的位置应根据道路和场地地形条件确定，不应靠近城市道路的交叉口。出入口与道路交叉口的距离应不小于 70m，宽度应不小于 4m。(图 8-2)

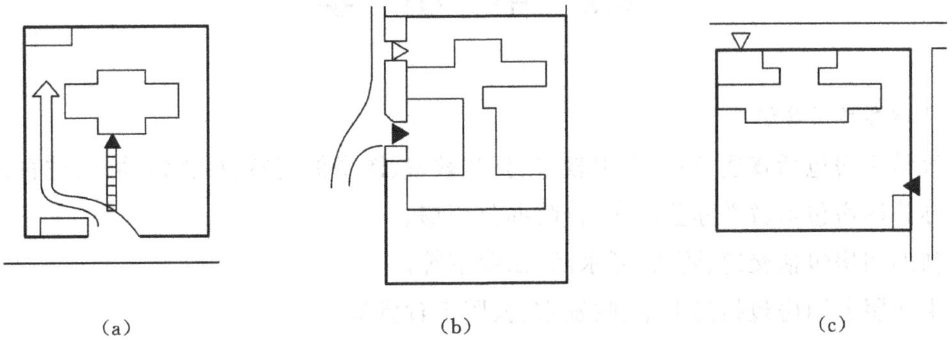

图 8-2 幼儿园出入口设置

(a)长方形地段，短边临街；(b)长边地段，长边临街；(c)两边临街

(2) 建筑物、构筑物、室外游戏场地、绿化用地及杂物院等应布局合理、方便管理、朝向适宜、日照充足。

(3) 设置专门的室外公共活动场地、每个班的室外活动场地，且面积符合相应规范，各场地之间采取分隔措施。

(4) 设置集中绿化用地，且严禁种植有毒、带刺的植物。

(5) 在供应区设置杂物院，且单独设置对外出入口。

5. 托儿所、幼儿园总平面布置实例(图 8-3)

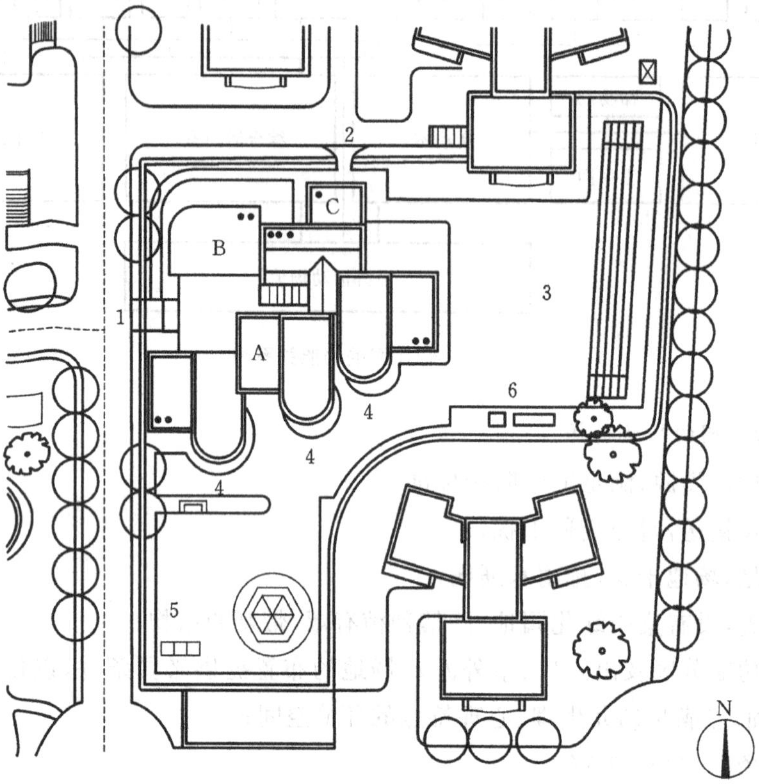

图 8-3 南京聚福园幼儿园

A—新园舍；B—音体室；C—厨房；1—幼儿入口；2—后勤入口；3—集体活动场地；4—班级活动场地；5—器械活动场地；6—小动物房舍

8.2 中 小 学

1. 中小学各类用房组成

(1) 教学用房包括普通教室、专用教室、公共教室、图书阅览室、科技活动室、体育活动室。

(2) 办公用房包括教学办公用房、行政办公用房。

(3) 辅助用房包括交通、厕所、开水间、储藏室等。

(4) 生活服务用房包括门卫室、收发室、教职工食堂等。

2. 中小学的功能关系(图 8-4)

3. 中小学的场地选择

(1) 阳光充足、空气流通、场地干燥、排水通畅、地势较高，校内有布置运动场的场地，满足工程管线的布置条件。

(2) 设在无污染的地段，且与各类污染源的距离应满足国家规定的防护距离。

(3) 学校周边应有良好的交通条件，有条件时宜设置临时停车场地。学校的规划布局应与

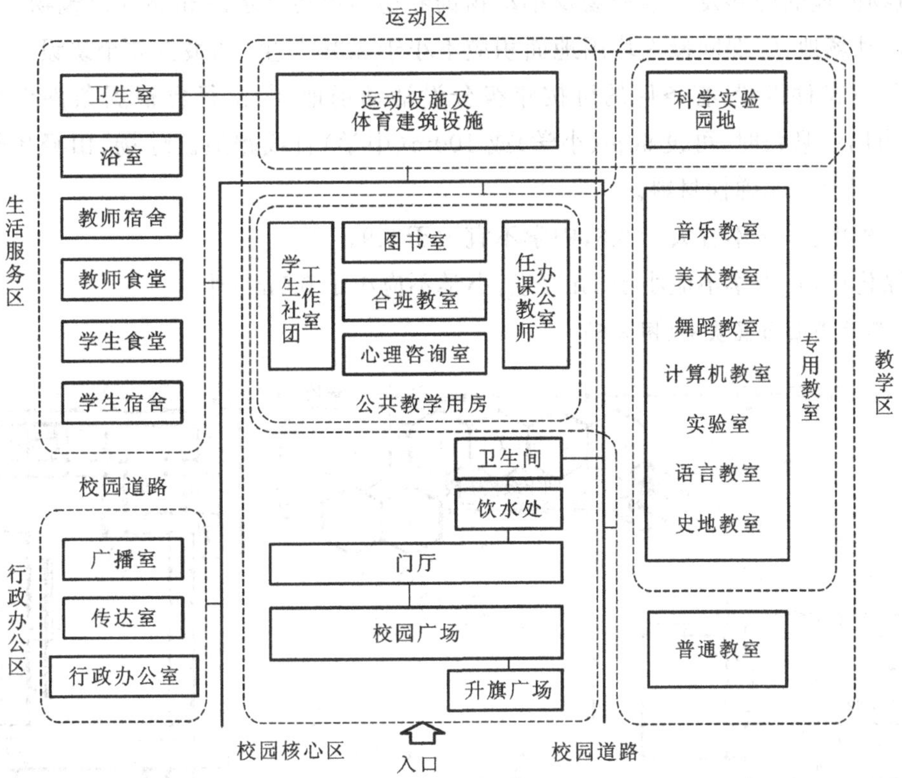

图 8-4 中小学的功能关系图

生源分布及周边交通相协调。与学校毗邻的城市主干道应设置适当的安全设施。

(4) 不宜与市场、公共娱乐场所、医院太平间等不利于学生学习和身心健康及安危的场所毗邻。

(5) 不得有架空高压输电线通过。

(6) 城镇完全小学的设置应符合当地规划要求，一般在居住区设置，其服务半径宜为500m；城镇初级中学的服务半径宜为1000m。

4. 中小学的总平面布置

(1) 出入口位置、功能分区、建筑物造型应符合城市规划要求。

(2) 功能分区明确、布局合理、联系方便、互不干扰，且满足卫生要求。

(3) 道路系统完整通畅，满足人员安全疏散的要求。

(4) 操场远离教学区，靠近室外运动场地布置。

(5) 音乐教室、琴房、舞蹈教室设在不干扰其他教学用房的位置。

(6) 校门不宜开向城市主干道、机动车流量超过300辆/h的道路，且校门外留出一定的缓冲距离。

(7) 建筑物的间距：①教学用房有良好的通风条件；②南向普通教室冬至日时底层满窗日照不小于2h；③两排教室长边相对时，间距不小于25m，且教室长边与运动场地的间距不小于25m。

(8) 学校主要教学用房设置窗户的外墙与铁路路轨的距离不应小于300m，与高速路、地上轨道交通线或城市主干道的距离不应小于80m，当距离不足时，应采取有效的隔声措施。

(9) 植物园地的肥料发酵堆积场及小动物饲养场不得污染水源和邻近建筑物。

(10) 运动场地：①课间操人均用地面积应不小于 2.3m²/生；②最少 6 个班设 1 个篮(排)球场，足球场根据条件设置，有条件的可按年级分设活动场地；③田径场根据条件设 200～400m 环形跑道，当用地紧张时，可设 60m(小学)或 100m(中学)直线跑道。球场、田径场长轴以南北向为宜，且不得使用非弹性材料。

(11) 容积率：小学不宜大于 0.8，中学不宜大于 0.9。

(12) 绿化用地：中学不应小于 1m²/生，小学不应小于 0.5m²/生。

5. 中小学总平面布置实例(图 8-5)

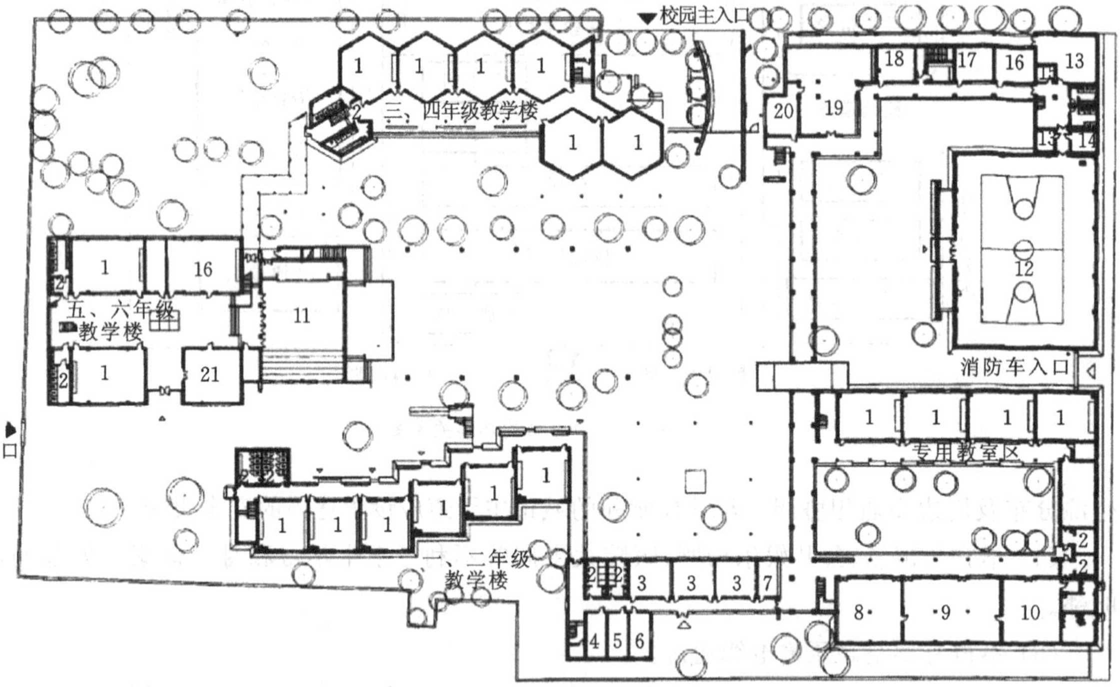

图 8-5 某大学附属小学新校舍

1—教室；2—卫生间；3—教研室；4—教具室；5—后勤；6—教导处；7—广播室；8—教师阅览室；9—学生图书馆；10—学生书库；11—多功能厅；12—风雨操场；13—设备用房；14—体育器材库；15—库房；16—辅助间；17—开水间；18—医务室；19—餐厅；20—值班室；21—少先队大部队

8.3 文化馆

1. 文化馆的类型(表 8-4)

表 8-4 文化馆的类型

类型	性质	功能
国家文化馆	国家设立的综合性文化事业机构和场所	开展社会宣传教育，普及科学文化知识，组织群众进行文化艺术学习

续表8-4

类型	性质	功能
群众艺术馆	国家设立的文化事业机构	组织群众开展文化艺术活动,研究群众文化艺术
文化站	乡镇政府、城市街道办事处设立的基层文化事业机构	供当地群众进行各种文化娱乐活动

2. 文化馆的特征

文化馆具有综合性、多用性、乡土性三大特征。(1)综合性:设有宣传教育、文化娱乐、培训辅导等多种活动设施。(2)多用性:分为三大类。(3)乡土性:与当地的社会环境、自然条件、生活环境等密切相关。

3. 文化馆的规模及用地指标

(1) 文化馆建筑的规模划分应符合表 8-5 的规定。

表 8-5 文化馆的规模

文化馆分类	服务人口/万人	建筑面积/m^2	设置原则
大型馆	≥50	≥6000	省会城市、直辖市及人口 50 万以上的大城市
中型馆	20～50	4000～6000	中等城市
	≥30		人口 30 万以上的区、镇区
小型馆	5～20	800～4000	小城市、县城
	≤30		人口 5～30 万的区、独立组团、镇区

(2) 文化馆建筑的建设用地指标可参考表 8-6。

表 8-6 文化馆的用地指标

类型	建设用地总面积/m^2	室外活动场地面积/m^2	建筑密度/%	容积率	停车场地控制
大型馆	4500～6500	1200～2000	25～40	≥1.3	机动车:控制在建设用地总面积的 8%以内; 自行车:按每百平方米建筑面积 2 个车位配置
中型馆	3500～5000	900～1500	25～40	≥1.2	
小型馆	2000～4000	600～1000	25～40	≥1.0	

4. 文化馆的功能关系(图 8-6)

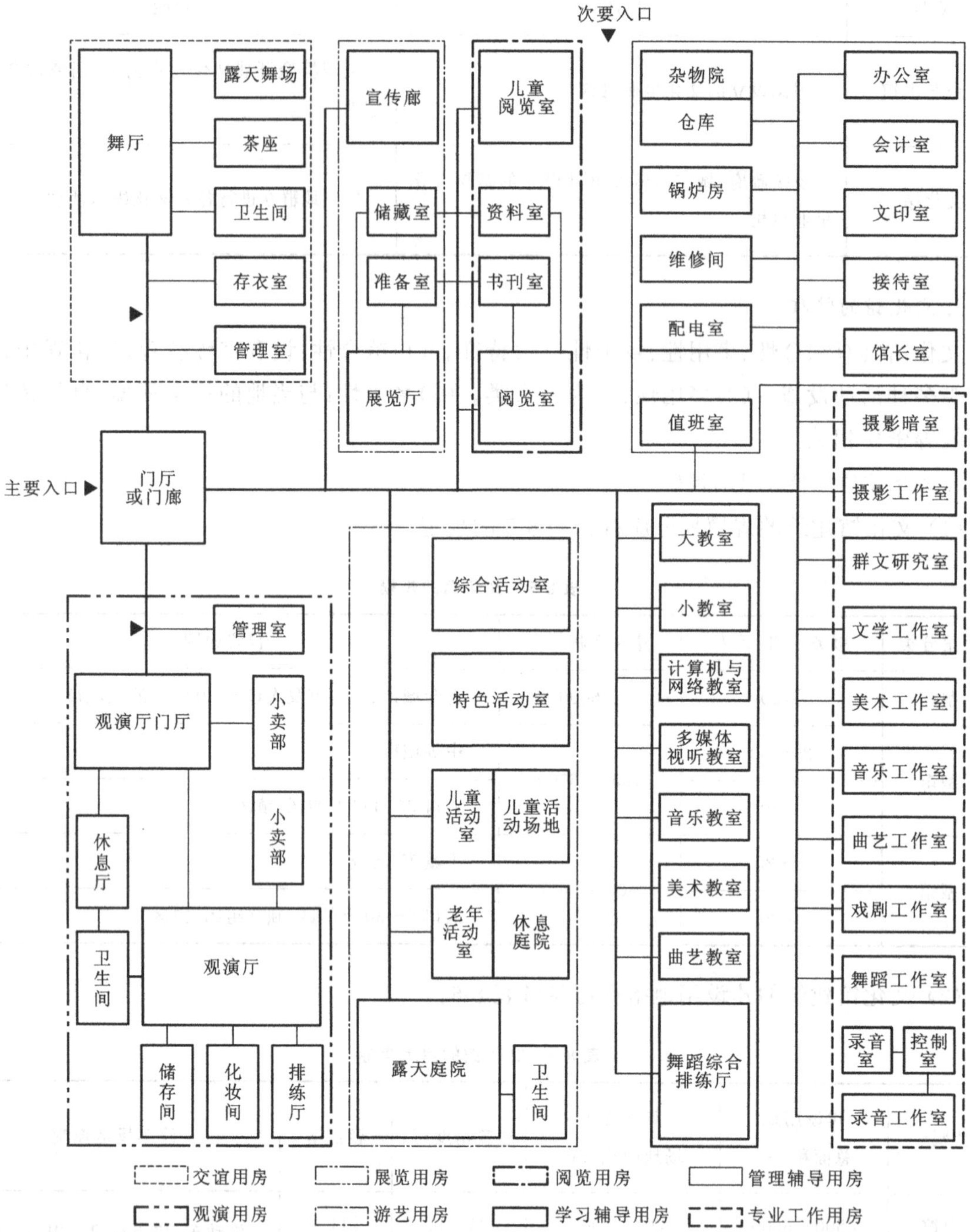

图 8-6 文化馆的功能关系图

5. 文化馆的场地选择

(1) 省(市)群众艺术馆、区(县)文化馆已有独立建筑场地,符合文化事业和城市规划的布点要求;

(2) 文化馆的建筑场地选在区域位置适中、交通便利、环境优美、可供群众活动的地段;

(3) 乡镇、居住区、居住小区文化站应为所在地区公共建筑中心或靠近公共绿地。

6. 文化馆总平面布置实例(图 8-7)

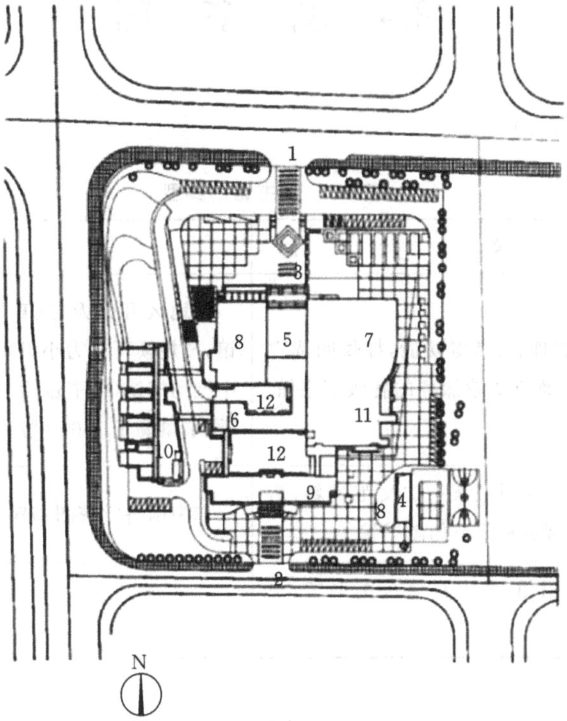

(a)

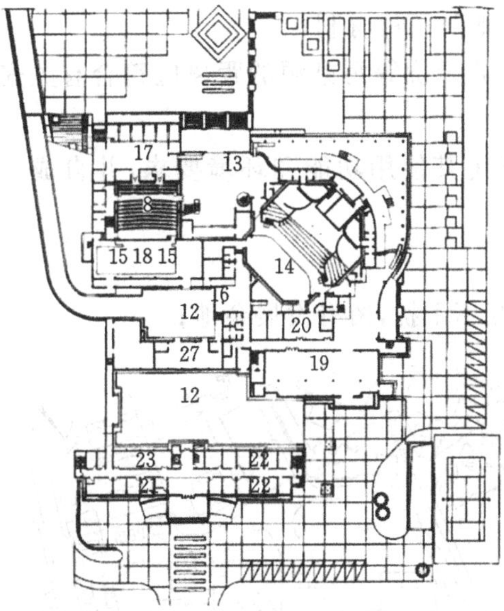

(b)

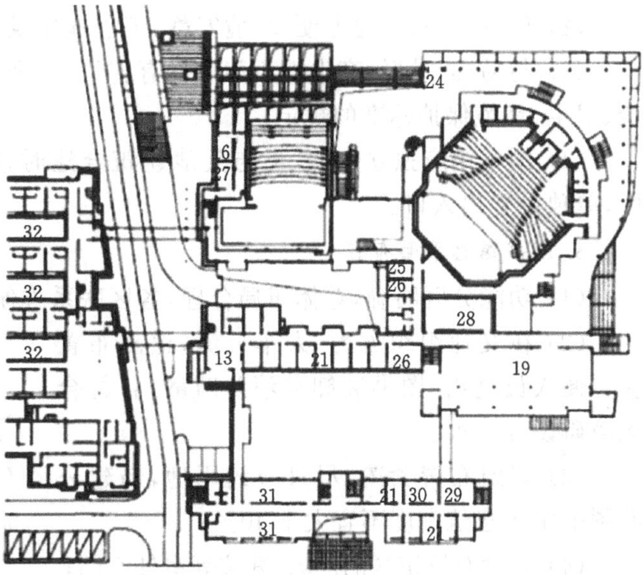

(c)

图 8-7 湖南省群众艺术馆

(a)总平面图;(b)一层平面图;(c)二层平面图

1—群艺馆办公入口;2—文化厅办公入口;3—音乐厅入口;4—地下车库入口;5—群艺馆主馆;6—群艺馆办公楼;7—音乐厅;8—多功能剧场;9—省文化厅办公楼;10—群艺馆后勤培训楼;11—展览培训;12—内院;13—入口门厅;14—音乐厅(600 座);15—侧台;16—空调机房;17—休息厅;18—舞台;19—展览厅;20—贵宾休息室;21—办公室;22—节目检审室;23—库房;24—音像商店;25—编辑室;26—摄影工作室;27—配电房;28—舞蹈教室;29—会议室;30—档案室;31—监控中心;32—后勤

8.4 图书馆

1. 图书馆的类型(表 8-7)

表 8-7 图书馆的类型

类型	概念	说明
公共图书馆	具备收藏、管理、流通等功能,提供阅读空间和技术设备,面向大众服务的各级图书馆	按地区可分为省(直辖市)、自治区、市、区、县图书馆;按规模可分为小型图书馆(藏书量低于 50 万册)、中型图书馆(藏书量为 50 万～150 万册)、大型图书馆(藏书量高于 150 万册)
专业图书馆	专门收藏某一学科或某一类文献资料,为专业人员提供阅览和研究的图书馆	如中国科学院图书馆、各专业研究机构图书馆
学校图书馆	高等学校图书馆、各专科学校图书馆、中小学图书馆	

2. 图书馆的场地选择

(1) 符合当地的总体规划和文化建筑的网点布局;

(2) 位置适中、交通方便、环境安静,工程地质及水文地质条件有利;

(3) 与易燃、易爆、产生噪声和散发有害气体、强电磁波干扰等污染源的距离应符合有关安全、卫生、环境保护标准的规定;

(4) 图书馆应独立建造,当与其他建筑合建时,需满足其使用功能和环境要求,并自成一区,单独设置出入口。

3. 图书馆总平面布置

(1) 功能分区明确,总体布局合理,各区联系方便且互不干扰,留有发展余地;

(2) 在交通组织方面,人车分流,道路布置应方便人员进出、图书装卸和消防疏散,且符合无障碍设计要求;

(3) 建筑布置紧凑,尽量节约用地,新建公共图书馆的建筑密度不宜大于 40%;

(4) 合理布置馆区的广场、庭院等室外空间;

(5) 场地内应设置供内部和外部使用的机动车停车场和自行车停放设施;

(6) 馆区内应根据图书馆性质等做好绿化设计,绿地率不小于 30%,选择适应当地气候、土壤、空气等条件的树种,绿化与建(构)筑物、道路、各类工程管线的距离应满足相关规定。

4. 图书馆总平面布置实例(图 8-8)

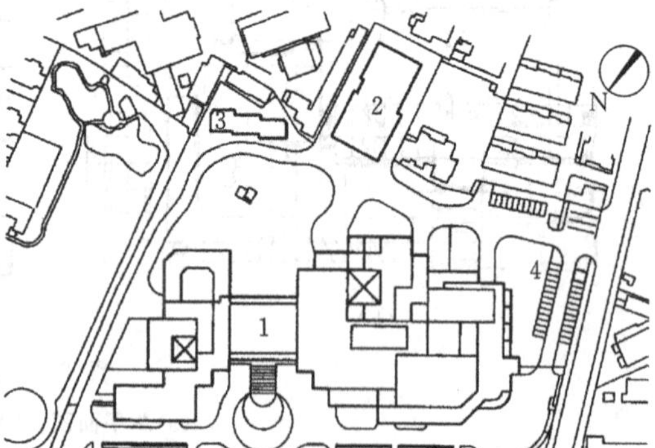

图 8-8 上海图书馆

1—上海图书馆主楼;2—副楼;3—培训中心;4—传达室

8.5 汽车客运站

1. 汽车客运站的分类

按照营运性质及业务范围，可将汽车客运站分为三类，如表 8-8 所示。按照日发送旅客折算量，可将汽车客运站的规模划分为四个等级，如表 8-9 所示。

表 8-8 汽车客运站的类型

类型	办理业务	特点
客运站	专门办理客运业务，包括少量的零担货物	规模大，服务设施较齐全，分工较细，主要建在大中型城市
客货兼营站	办理客运和货运业务	大多建在县、镇
多功能综合型汽车客运站	办理客运业务的同时，还提供餐饮、购物、娱乐等多种服务	

表 8-9 汽车客运站的规模

规模	日发送旅客折算量/人
一级	≥10000
二级	5000～9999
三级	2000～4999
四级	300～1999
五级	≤299

2. 汽车客运站的功能关系（图 8-9）

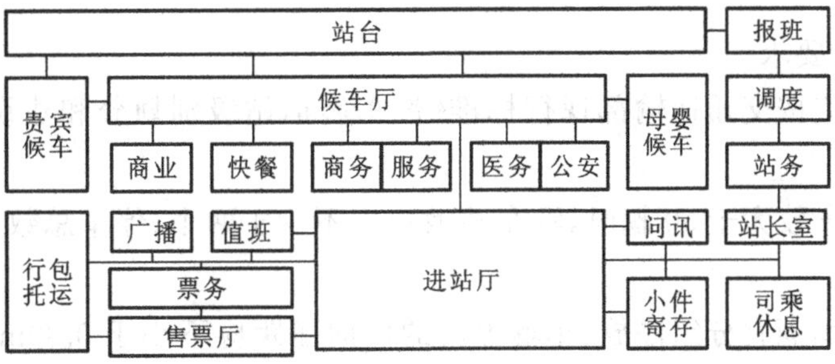

图 8-9 汽车客运站的功能关系图

3. 汽车客运站的场地选择

(1) 符合城市规划总体布局要求；

(2) 与城市干道联系密切，流向合理，出入方便；

(3) 与铁路、水路及其他类型的交通客运站联系方便；

(4) 远离生产和储存易燃、易爆等危险品的场所；

(5) 位置适中，方便旅客集散和换乘其他交通工具；

(6) 不应与医院、卫生、文教、科研单位靠近；

(7) 工程地质条件良好，避免选在有山洪、断层、滑坡、流沙、低洼积水等风险的地段；

(8) 有必要的水源、电源、消防、通行、疏散、排污等条件；

(9) 远近结合，留有适当发展余地。

4. 汽车客运站的总平面布置

(1) 总平面布置要求

① 总平面布置应包括站前广场、站房、停车场、附属建筑、车辆进出口及绿化等内容；

② 布局合理，分区明确，使用方便，流线简捷，应避免旅客、车辆及行李包裹流线的交叉；

③ 布置紧凑，合理利用地形，节约用地，并留有发展余地，与周围建筑的关系应协调；

④ 应处理好站区内排水坡度，防止积水。

(2) 进站口、出站口布置要求

① 一、二级汽车站进站口、出站口应分别独立设置，三、四级汽车站宜分别设置，且汽车进站口、出站口宽度均应不小于4m；

② 汽车进站口、出站口与旅客主要出入口应设不小于5m的安全距离，并应有隔离措施；

③ 汽车进站口、出站口与公园、学校、托幼机构及人员密集场所的主要出入口距离应不小于20m；

④ 汽车进站口、出站口应保证驾驶员行车安全视距。

(3) 站内道路布置要求

汽车客运站内应分别设置人行道、车行道。双车道宽度应不小于7m，单车道宽度应不小于4m，主要人行道路宽度应不小于3m。

(4) 站前广场布置要求

① 站前广场应与城市交通干道相连。

② 站前广场应明确划分车流路线、客流路线、停车区域、活动区域及服务区域。

③ 旅客进出站路线应简捷流畅，并设无障碍通道。

④ 站前广场位于城市干道尽端时，宜增设通往站前广场的道路；位于干道一侧时，宜适当加大站前广场进深。

(5) 停车场布置要求

① 停车场容量应按交通运输部现行标准《汽车客运站级别划分和建设要求》(JT/T 200—2020)的规定设计。

② 停车场的停车数大于50辆时，汽车疏散口应不少于两个；停车总数不超过50辆时，可设一个疏散口。

③ 停车场内的车辆宜分组停放，车辆停放的横向净距应不小于0.80m，每组停车数量不宜超过50辆，组与组之间的防火间距应不小于6m。

④ 发车位和停车区前的出车通道净宽应不小于12m。

⑤ 停车场应合理布置洗车设施和检修台。通向洗车设施和检修台的通道应保持不小于10m的直道。

⑥ 停车场周边宜种植常绿乔木，以绿化环境、降低周边环境噪声。

5. 汽车客运站总平面布置实例(图 8-10)

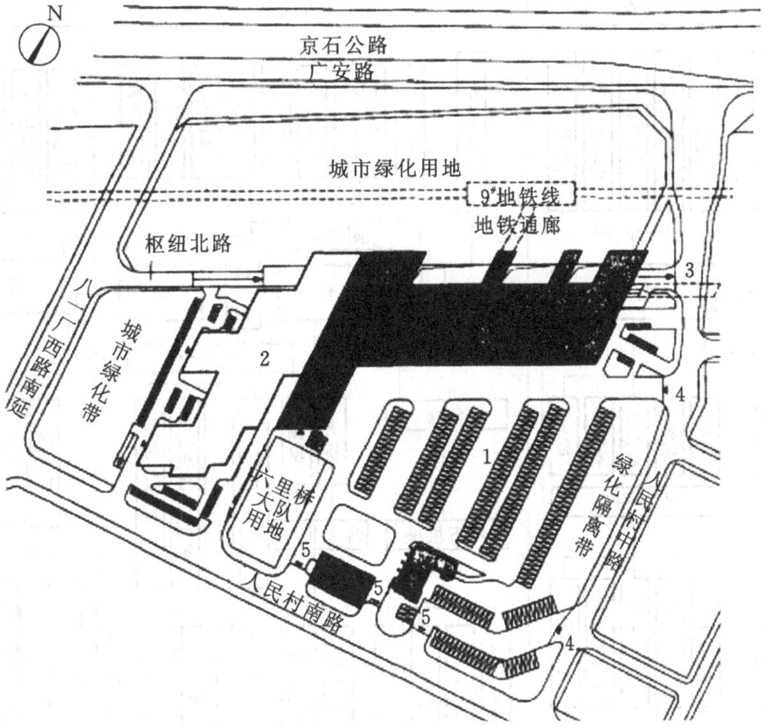

图 8-10 北京六里桥客运站

1—长途车停车场;2—二期服务楼;3—车行出口;4—长途车入口;5—长途车出口

8.6 剧 场

1. 剧场的分类

(1) 按演出类型划分:歌剧剧场、话剧剧场、戏曲剧场、音乐厅、多功能剧场。

(2) 按舞台类型划分:镜框式台口舞台、突出式舞台、岛式舞台及其他类型。

(3) 按营业性质划分:专业剧场、综合经营剧场。

2. 剧场的规模(表 8-10)

表 8-10 剧场的规模

规模	观众容量/座
特大型	1500 以上
大型	1201～1500
中型	801～1200
小型	≤800

注:剧场建筑的质量标准分为特等、甲等、乙等三个等级,其技术要求应符合剧场建筑设计规范的具体规定。

3. 剧场的功能关系（图 8-11）

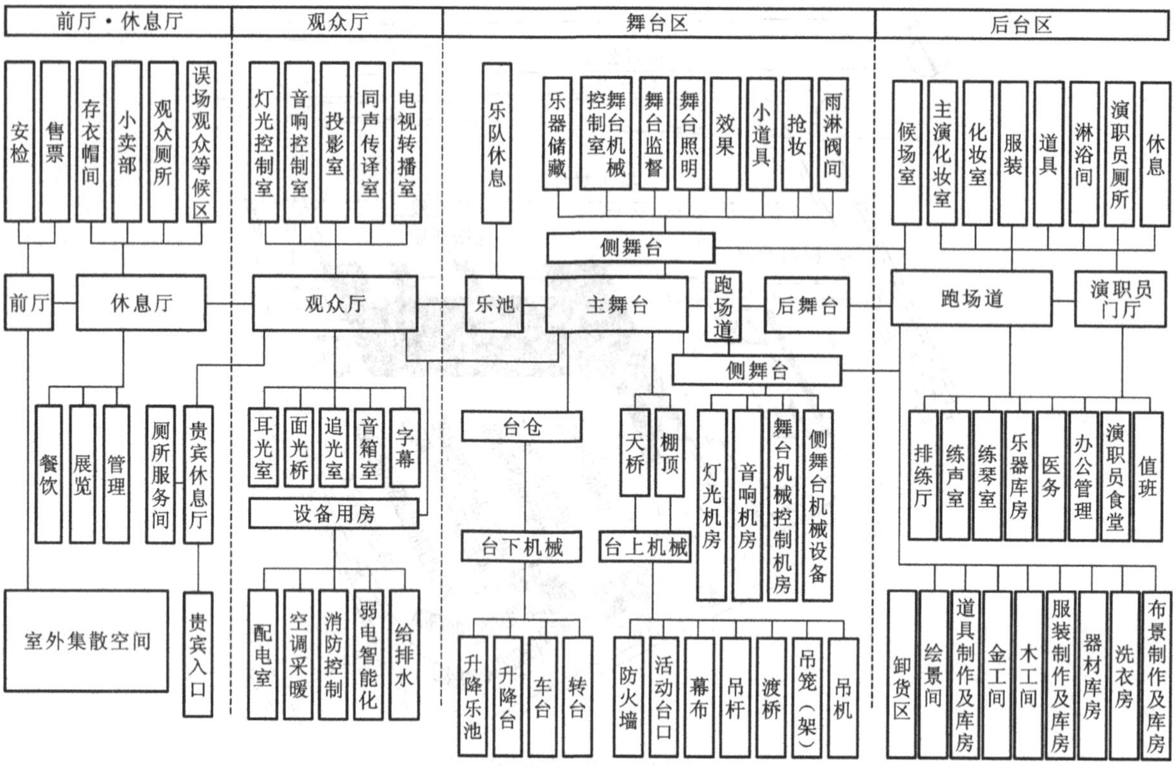

图 8-11　剧场的功能关系图

4. 剧场的场地选择

（1）符合城市规划总体布局要求，重要剧场选在城市重要位置，可提升城市对外展示形象；

（2）剧场类型应与所在地居民文化素养、艺术情趣相适应；

（3）儿童剧场宜选在位置适中、交通便利、环境安静的地区；

（4）至少有一面面向城市道路，临街长度不小于场地周长的 1/6，剧场前应有不小于 0.2m^2/座的集散广场；

（5）邻接道路宽度应不小于剧场安全出口宽度的总和，且 800 座以下剧场的邻接道路宽度不小于 8m，800～1200 座剧场的不小于 12m，1200 座以上的不小于 15m。

5. 剧场的总平面布置

（1）与其他建筑物毗邻修建时，若剧场前的观众疏散通道和集散广场不能满足集散要求，应在剧场后面或侧面设疏散出口，其通道宽度应不小于 3.5m；

（2）主要出入口不应与城市快速道路直接连通；

（3）功能分区明确，人车分流，观众人流线与演员人流线互不干扰；

（4）设备房应靠近服务对象，且避免设备对观演的干扰；

（5）设有机动车、自行车停放场地；

（6）设有集散广场。

6. 剧场总平面布置实例(图 8-12)

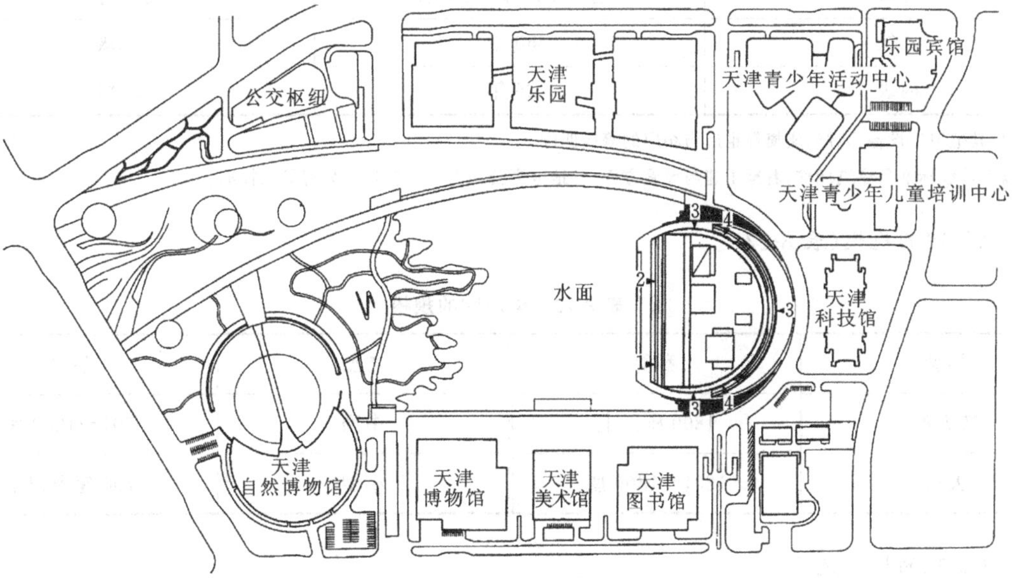

图 8-12 天津文化中心大剧院

1—综艺剧场入口;2—音乐厅入口;3—次入口;4—贵宾入口

8.7 电 影 院

1. 电影院的组成(图 8-13)

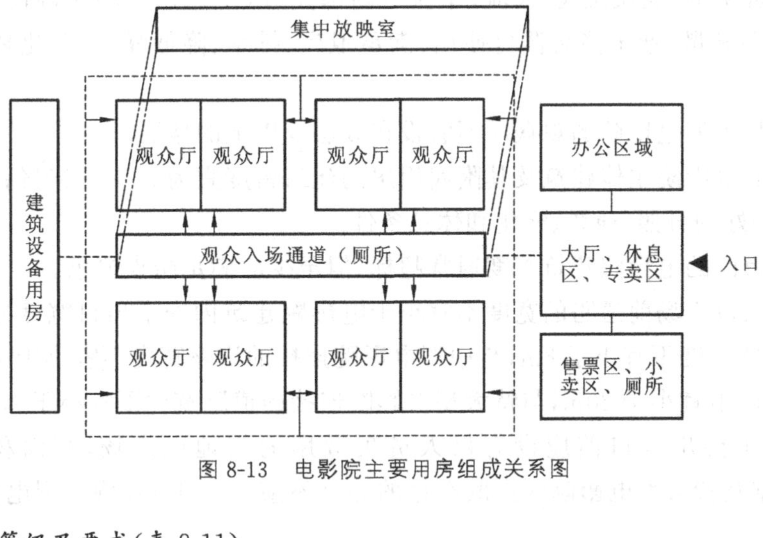

图 8-13 电影院主要用房组成关系图

2. 电影院的等级及要求(表 8-11)

表 8-11 电影院的等级及要求

等级	主体结构耐久年限	耐火等级
特级	50 年	二级
甲级	50 年	二级

续表8-11

等级	主体结构耐久年限	耐火等级
乙级	50 年	二级
丙级	25 年	二级

注:(1)其他卫生设备、装修、座椅等也应与相应的等级匹配。

(2)以上等级标准是建筑标准,着重土建与设施方面,各地电影公司在经营管理上另有等级标准。

3. 电影院的规模(表 8-12)

表 8-12　电影院的规模

类型	容量	类型	容量
特大型	1800 座以上	中型	701～1200 座
大型	1201～1800 座	小型	700 座及以下

4. 电影院的场地选择

(1) 保证安全、卫生、疏散通畅,观众人流与内部工作路线划分明确。

(2) 结合城镇交通、商业网点、文化设施综合考虑,以方便群众,增加社会、经济和环境效益为主;观众厅容量宜以中型为主,当建筑规模较大时,可分设若干个大小不一的观众厅。

(3) 专业电影院应兼顾人口密度、组成及服务半径合理布点。

(4) 甲等电影院应位于与其重要性相适应的城市主要地段。

(5) 乙、丙等电影院应便于为所在城区服务。

5. 电影院的总平面布置

(1) 功能分区明确,观众流线(人流、车流)、内部路线(工艺、管理)明确便捷,互不干扰;便于紧急情况下人员疏散,便于消防器材使用;满足卫生、排水、降低噪声、美化环境的要求,且考虑停车面积。

(2) 大型及特大型电影院的观众厅不宜设在 3 层及以上的楼层。

(3) 独建专业电影院主体建筑及其附属用房的建筑密度宜为 25%～50%;建筑密度取低值时,场内可获得较好的日照、通风、绿化和休息条件。

(4) 位于旧市区的电影院建筑密度通常超标,但至少应满足防火要求。

(5) 主要出入口广场前道路的宽度不宜小于电影院建筑内安全出口宽度的总和,且与小型电影院连接的道路宽度不宜小于 8m,与中型电影院连接的道路宽度不宜小于 12m,与大型电影院连接的道路宽度不宜小于 20m,与特大型电影院连接的道路宽度不宜小于 25m。

(6) 电影院主要出入口前应设有供人员集散用的空地或广场,其面积指标不应小于 $0.2m^2$/座,且大型及特大型电影院的集散空地的深度不应小于 10m;特大型电影院的集散空地宜分散设置。

(7) 除主入口外,中小型电影院至少应有一侧临空(内院、街或路);大型、特大型电影院至少有两侧或三侧临空;出入场人流尽量互不交叉;与其他建筑连接处应用防火墙隔开。

(8) 临空处与其他建筑之间的距离宜从防火、卫生和舒适的角度考虑,条件差时也应满足防火间距。

(9) 通风口或空调、冷冻机房可独立设置,也可接在电影院主体的后面、侧面,或置于观众厅、门厅的地下室内。采暖地区的锅炉房多数单独设置在对电影院干扰、污染最小的位置。

(10) 以上情况适用于独建电影院或独立的多厅式电影院。若电影院合建于其他建筑之内，则应从属于该建筑物的总平面要求和防火疏散要求。

6. 电影院总平面布置实例(图 8-14)

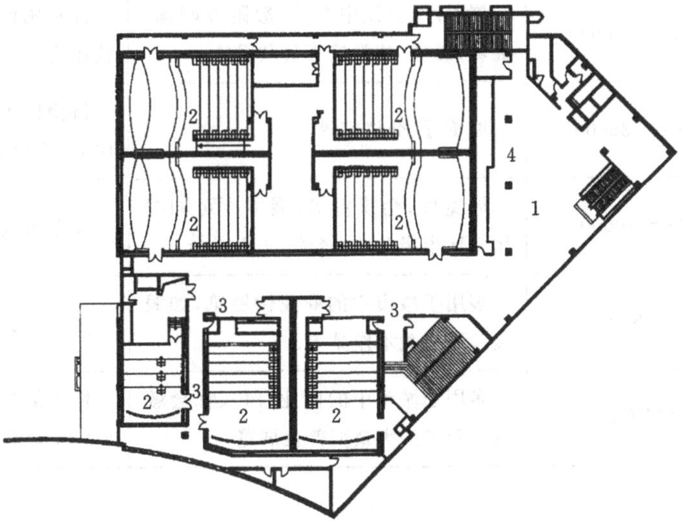

图 8-14　洛阳万达电影城

1—门厅；2—观众厅；3—入场通道；4—售票处、小卖部

8.8 展览馆

展览馆是展出临时性陈列品的公共建筑。

1. 展览馆的组成(表 8-13)

表 8-13　展览馆的组成

功能分区	房间名称
展览区	室内展厅(陈列室)、讲解员室、室外陈列场地
观众服务区	传达室、售票室、门厅、小卖部、走道、电梯、楼梯、接待室、贵宾室、会议室(洽谈室)、急救室、厕所等，剧场、电影院、商场、邮局、球类馆、广场等
库房区	内部库房、临时库房、装卸车间、观察调度室等
办公后勤区	内部办公室、临时办公用房、馆长室、内部会议室、电梯机房、电话总机室、警卫室、空调机房、锅炉房、交配电室、冷冻机房、水泵房、消防控制室、防盗室、监控室、车库、浴室、厕所等

2. 展览馆的分类

按展出规模，可将展览馆分为国际博览会、国家级展览馆、省级展览馆等，如表 8-14 所示。按展出内容，可将展览馆分为专业性展览馆、综合性展览馆、国际博览会等，如表 8-15 所示。

表 8-14 根据展出规模划分的展览馆的类型

分类	建筑总面积/m^2	功能空间构成及说明	实例
国际博览会	100000～300000	展览馆(多处)、广场、商店、餐饮设施、游客设施等	英国伦敦万国博览会、加拿大国际博览会
国家级展览馆	35000～100000	展览厅、会议中心，一般附设剧场、商场、饭店、球类馆等公共设施	北京国际展览中心、美国纽约会议中心
省级展览馆	10000～35000	展览厅、会议室等	济南国贸中心、江苏省工贸经营中心、天津国际展览中心
地市级展览馆	2000～10000	展览厅、会议室等，展览厅可同时用于地市级政治、经济、文化集会	无锡市展览馆、常州工业展览馆
展览(陈列)室	2～500	多用于城市中的商业性展览，如服装、家电、美术作品等	上海第二轻工业局产品陈列室
其他展览设施	面积不定	多用于城市中的商业宣传、社会教育等简易的大众型普及展览	城市街头橱窗、展览廊、可移动的展览车船等

表 8-15 根据展出内容划分的展览馆的类型

分类	展出内容	实例
专业性展览馆	展出内容局限于某一领域，如工业、农业、贸易、交通、科技、文艺等	北京农业展览馆、桂林技术交流展览馆
综合性展览馆	可供多种内容分期或同时展出	北京国际展览中心
国际博览会	各国的产品和艺术品，也是各参展国最近建筑技术与艺术的展示	日本筑波国际科技博览会、神户港岛博览会

3. 展览馆的功能关系(图 8-15)

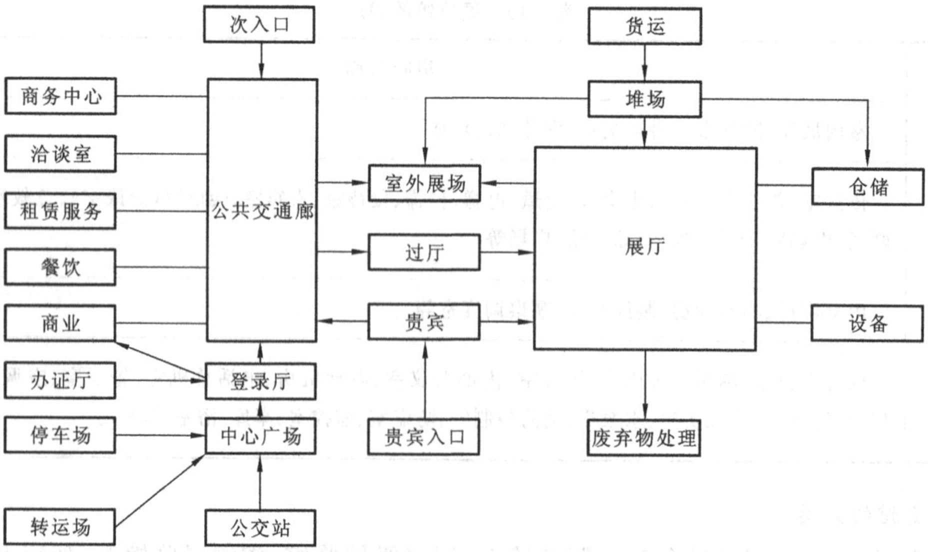

图 8-15 展览馆的功能关系图

4. 展览馆的场地选择

(1) 位置、规模符合城市规划要求，且至少有一面与城市道路邻接；

(2) 位于城市社会活动中心地区或城市近郊；

(3) 交通便捷，与航空港、港口、火车站交通联系便利；

(4) 具备完整的市政基础设施。

5. 展览馆的总平面布置

(1) 展区位于场地中心位置，便于观众集散；

(2) 留有足够的室外场地，以供展出和车辆停放；

(3) 库房需贴近展区，便于展品运输；

(4) 观众服务区靠近展区，紧贴集散广场；

(5) 留有展馆扩建用地。

6. 展览馆总平面布置实例(图 8-16)

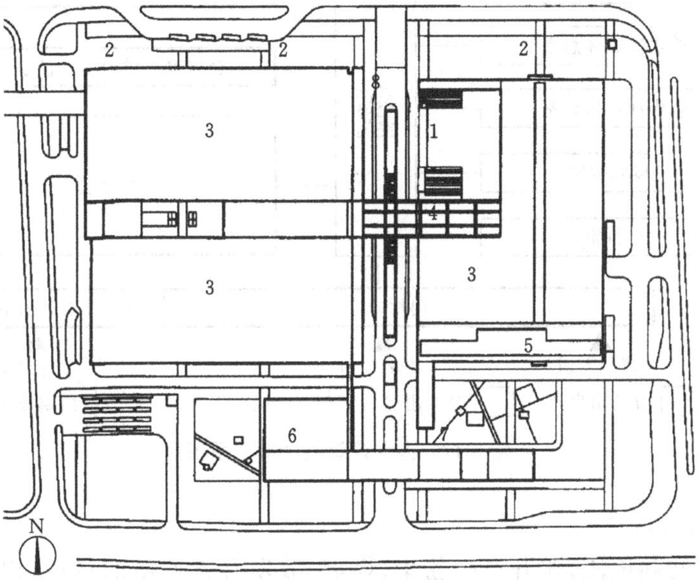

图 8-16 保利会展中心

1—中心广场；2—室外展场；3—展厅；4—西餐厅；5—办公室；6—酒店；7—写字楼；8—中央车道

8.9 办公建筑

1. 办公建筑的分类(表 8-16)

表 8-16 办公建筑的分类

类别	使用对象
行政办公建筑	各级党政机关、人民团体、事业单位和工矿企业的行政办公楼

续表8-16

类别	使用对象
专业性办公建筑	为专业单位办公使用的办公楼，如科学研究办公楼，设计机构办公楼，商业、贸易、信托、投资等行业办公楼
出租办公建筑	分层或分区出租的办公楼
综合性办公建筑	以办公用房为主，含公寓、旅馆、商店(商场)、展览厅、对外营业性餐厅、咖啡厅、娱乐厅等公共设施的建筑物

2. 办公建筑的功能关系(图 8-17)

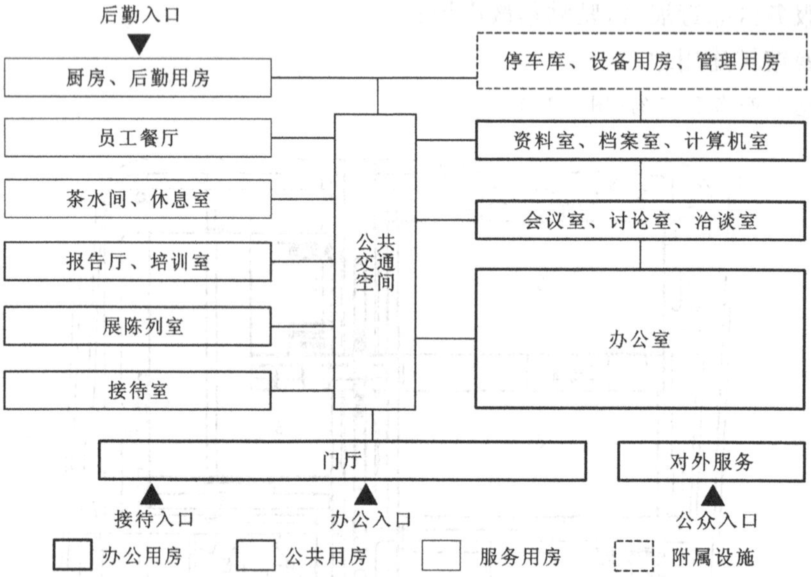

图 8-17 办公建筑的功能关系图

3. 办公建筑的场地选择

(1) 交通、通信便利地段，避开产生粉尘、煤烟，散发有害物质的场所，以及储存有易燃易爆品等的地段；

(2) 符合城市规划布局，市政设施较完善的地段，且要避开车站、码头等人员密集或噪声大的地段；

(3) 对于工业企业的办公建筑，可在场地内选择合适的地段建造，一般位于厂前区，且应符合卫生和环境保护等法规要求。

4. 办公建筑的总平面布置

(1) 考虑环境与绿化设计，办公建筑主体部分有良好的朝向和日照。

(2) 在建筑场地内或建筑物内设停车场。

(3) 办公建筑宜与住宅楼分开布置，且分设出入口。

(4) 在同一场地内，办公楼、公寓、旅馆共建，或建造以办公楼为主的综合楼。同时，根据使用功能的不同，处理好主体建筑与附属建筑的关系，分区明确、布局合理、互不干扰。

(5) 办公建筑的停车位配建指标除满足自身使用需求之外，同时应满足项目所在地区规定的底限或上限要求。当项目建于城市中心区或其他交通繁忙地段时，应充分利用城市公共轨道交通，以缓解城市交通压力。有条件时，停车设施在节休日向社会开放，提高设施的使用率。(表 8-17)

表 8-17 部分地区办公楼停车位配建指标 单位:个/100m² 建筑面积

地区	分类	机动车		非机动车		配建指标依据规范
		行政办公	其他办公	内部	外部	
北京		0.65		2.0		《北京地区建设工程规划设计通则》(2003)
上海	内环以内	0.6		1.0	0.75	上海市《建筑工程交通设计及停车库(场)设置标准》(2014)
	内环以外	1.0		1.0	0.75	
武汉	二环内	1.0	0.8	1.5	1.0	《武汉市建筑物停车配建指标》(2010)
	二环外	1.2	1.0			
成都	二环内	0.5		0.4		《成都市规划管理技术规定》(2024)
	二环外	0.8				
南京	一类区	1.5～1.8	0.6～1.0	3.0		《南京市建筑物配建停车设施设置标准与准则》(2019)
	二类区	1.8	1.0	2.5		
	三类区	1.8	1.1	2.0		

注:南京地区一类区指旧区,二类区指主城范围内除一类区以外地区,三类区为市区范围内除一、二类区以外地区。

(6) 办公楼建筑场地覆盖率为 25%～40%。容积率:多层办公楼场地为 1～2;高层或超高层建筑场地为 3～5;用地紧张的建筑场地的容积率应符合当地规划部门的规定。

(7) 高层建筑的底边至少有一个长边或周长的 1/4,且不小于一个长边长度,不应布置高度大于 5m、进深大于 4m 的裙房,且在此范围内必须设有直通室外的楼梯或直通楼梯间的出口。

(8) 防火间距:高层建筑之间大于 13m,高层建筑与裙房之间大于 9m,裙房之间大于 6m。

(9) 高层建筑的周围设环形消防车道,若设环形车道困难时,可沿高层建筑两个长边设置消防车道;当高层建筑的沿街长度大于 150m 或总长度大于 220m 时,应在适中位置设置穿过高层建筑的消防车道;高层建筑应设有连通街道和内院的人行通道,通道之间的距离不宜大于 80m。

(10) 高层建筑的内院或天井,当其短边大于 24m 时,宜设进入内院或天井的消防车道。

(11) 消防车道的宽度应不小于 4m,消防车道距高层建筑的外墙宜大于 5m,消防车道上空 4m 以下范围不应有障碍物。

(12) 尽端式的消防车道应设有回车道或回车场,规模不小于 15m×15m,大型消防车的回车场不宜小于 18m×18m。

(13) 穿过高层建筑的消防车道,其净宽和净高应不小于 4m。

5. 办公建筑总平面布置实例(图 8-18)

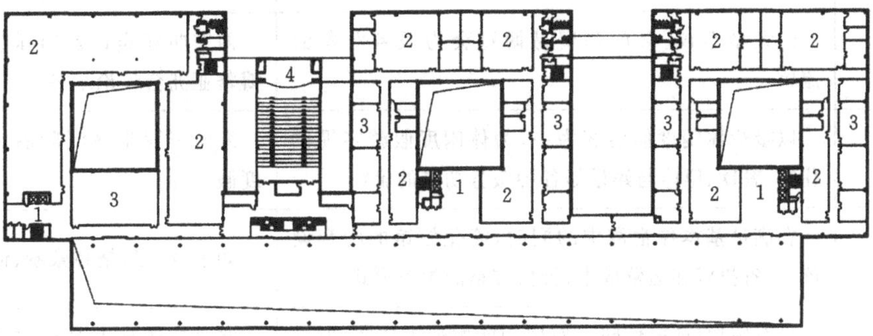

图 8-18 某科技服务中心

1—电梯厅;2—办公室;3—会议室;4—多功能厅

8.10 旅　馆

旅馆是综合性的公共建筑，主要向顾客提供一定时间的住宿服务，也可提供餐饮、娱乐、健身、会议、购物等服务，还可以承担部分社会功能。

1. 旅馆的规模(表 8-18 至表 8-20)

表 8-18　旅馆的规模

规模	房间数/间	标准
小型	＜200	中低档
		超豪华
中型	200～500	中档
		豪华
大型	500～1000	豪华
特大型	＞1000	—

表 8-19　旅馆建筑分类

分类依据	名称
功能	旅游旅馆、商务旅馆、会议旅馆、汽车旅馆、体育旅馆、疗养旅馆、中转旅馆
标准	经济旅馆、舒适旅馆、豪华旅馆、超豪华旅馆
规模	小型旅馆、中型旅馆、大型旅馆、特大型旅馆
经营	合资旅馆、独资旅馆
环境	市区旅馆、机场旅馆、乡村旅馆、名胜旅馆、市中心旅馆 游乐场旅馆、车站旅馆、路边旅馆、温泉旅馆、海滨旅馆
其他	公寓旅馆、度假旅馆、综合性旅馆、全套间旅馆

表 8-20　常见旅馆类型及特点

类型	特征	实例
商务型	以商务客人为主的旅馆，通常商务客人的比例不低于 70%	上海浦东香格里拉酒店、广州威斯汀酒店等
会议型	以大型会议、会展和贸易博览会为服务对象的旅馆	西安曲江宾馆及国际会议中心、海南博鳌亚洲会议论坛等
度假型	以接待休闲度假游客为主，为休闲度假游客提供住宿、餐饮、康体与娱乐等各种服务功能的旅馆	海南三亚半岛洲际酒店、珠海海泉湾度假城等
经济型	在满足基本住宿需求的同时，简化旅馆的配套设施、节省投资和运营成本、价格实惠的旅馆形式	如家、汉庭、格林豪泰、锦江之星等
公寓式	设有厨房(或操作间)，使用功能类似于住宅，但以旅馆标准管理服务的旅馆形式	北京棕榈泉万豪行政公寓、上海辉盛庭国际公寓酒店等

2. 旅馆的功能关系(图 8-19、图 8-20)

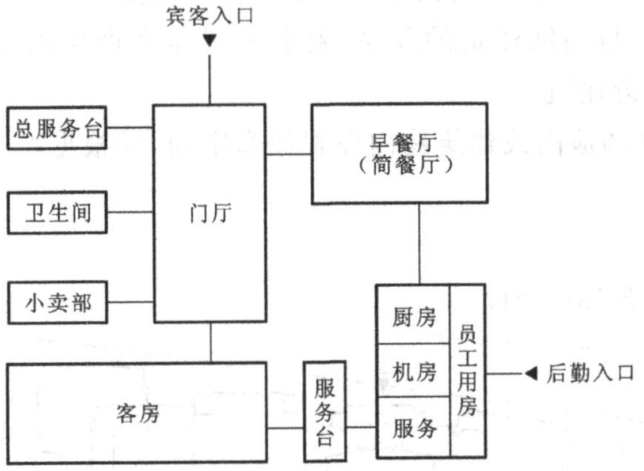

图 8-19 普通旅馆功能关系图

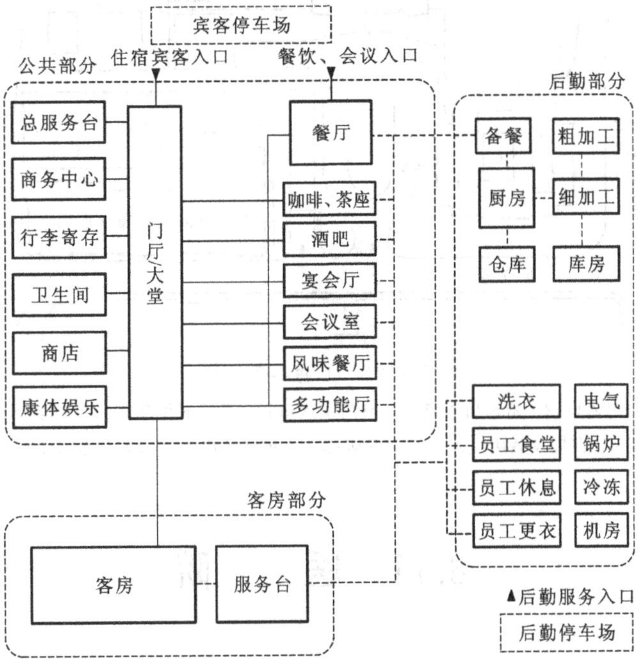

图 8-20 综合旅馆功能关系图

3. 旅馆的场地选择

(1) 符合城市规划要求,交通方便、环境良好。

(2) 在历史文化名城、风景名胜区和重点文物保护单位附近,旅馆场地的选择及建筑布局应符合国家和地方有关管理条例和保护规划的要求。

(3) 在城镇的旅馆,其场地至少一面邻接城市道路,其长度满足场地内各功能区的出入口、客货运输、防火疏散、卫生环境等要求。

4. 旅馆的总平面布置

(1) 结合当地气候特征、所处具体环境,妥善处理旅馆公共设施与市政基础设施的关系。

(2) 主要出入口必须明显,并能引导旅客直接到达门厅;根据使用要求,在主要出入口设置单车道或多车道,入口车道上宜设雨篷。

(3) 合理划分功能区,组织各种出入口,使人流、车流、货流互不干扰。

(4) 在综合性建筑中,旅馆部分应有单独分区,并有单独的出入口;对外营业的商店、餐厅等不应影响旅馆本身的使用功能。

(5) 合理安排各种管线,布置合理、短捷,便于维护和检修。

(6) 处理好主体建筑与辅助建筑的关系,对各种设备所产生的噪声和废气应采取防治措施,避免干扰客房区和邻近建筑。

(7) 根据停车数量在场地内或建筑物内设置停车空间,或根据城市规划部门的规定设置公共停车场地。

(8) 做好绿化设计。

5. 旅馆总平面布置实例(图 8-21)

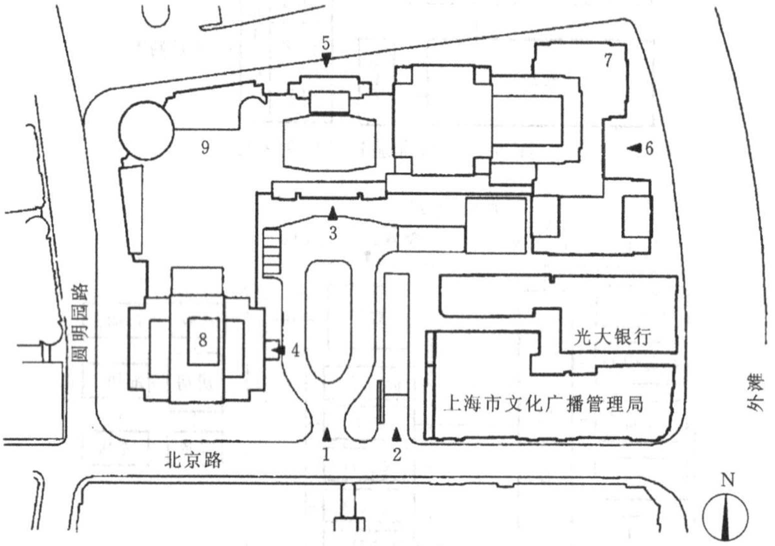

图 8-21 上海半岛酒店

1—主要出入口;2—货运出入口;3—酒店主入口;4—公寓式酒店入口;5—酒店次入口;6—商场及酒店次入口;7—酒店;8—公寓式酒店;9—商场及酒店设施

8.11 医　　院

1. 医院的分类与规模

按行政级别,可划分为省级医院、地市级医院、县级医院、乡镇卫医院等。按医院科别性质,可划分为综合医院、专科医院、中医院、疗养院等。图 8-22 所示为综合医院分级,表 8-21 所示为综合医院建设规模及床均建筑面积。

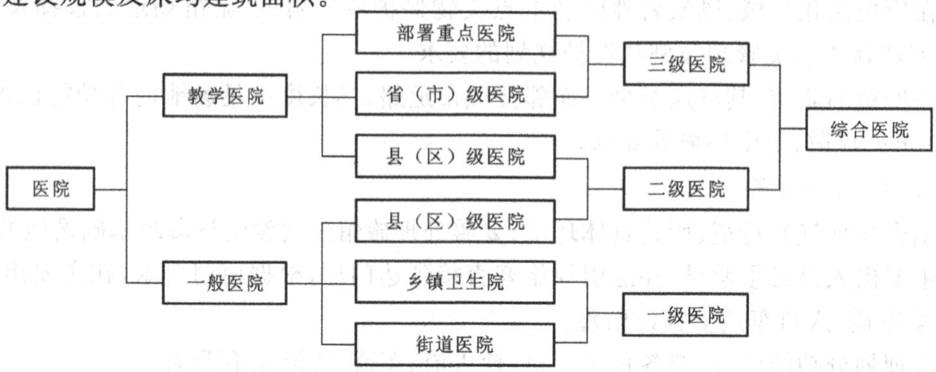

图 8-22 综合医院分级

表 8-21 综合医院建设规模及床均建筑面积

建设规模/床	床均建筑面积/m^2
200～399	95
400～599	100
600～799	110
800～999	115
1000～1199	120
1200 及以上	125

2. 综合医院的组成

综合医院一般由门诊部、住院部、手术部、辅助医疗部、行政办公等部门组成。(表 8-22)

表 8-22 综合医院的功能组成

序号	功能项	功能组成
1	门诊部	导医咨询、挂号处、收费处、取药处、门诊药房、门诊化验、门诊科室、感染门诊、门诊治疗、门诊输液、门诊手术、预防保健用房、社区卫生服务用房、日间医疗设施、体检用房、商业设施
2	急诊部	分诊、接诊、挂号处、收费处、取药处、急诊药房、化验、急诊用房、急救用房、EICU、急诊手术、输液、留院观察病房、功能检查用房、影像诊断检查用房
3	住院部	出入院办理、探视管理、住院药房、护理单元、重症监护单元、化疗病房、商业设施
4	医技科室	手术部、医学影像科、检验科、药剂科、功能检查科、病理科、中心供应、麻醉科、血库、介入治疗、放射治疗、核医学、生殖医学中心、内窥镜、理疗科、高压氧舱、血液透析
5	保障系统	机电设备机房、洗衣房、营养部、太平间、锅炉房、污水处理站、库房、垃圾站、停车空间、制剂室
6	行政管理	行政办公、图书室、档案室、计算机房
7	院内生活	值班宿舍、倒班宿舍、职工餐厅、厨房、浴室、学生宿舍、进修医生宿舍
8	教学科研	教室、实验室、示教室、动物房

3. 综合医院的场地选择

(1) 满足国家三级医院网点布局和城市规划部门的要求；
(2) 场地大小按不同规模医院的用地指标，在节约用地的原则下，适当留有扩建余地；
(3) 有足够的清洁用水，与城市污水管网配合；
(4) 交通方便，宜与两条城市道路相连；
(5) 便于利用城市基础设施；
(6) 环境洁静，远离污染源；
(7) 场地外形力求规整；
(8) 不应邻近儿童活动密集的场所。

4. 综合医院的总平面布置

(1) 功能分区合理,交通便捷,管理方便。

(2) 洁污分开,线路清晰,避免或减少交叉干扰。

(3) 建筑布局紧凑,满足通风、采光要求。

(4) 将住院部、手术部、检查室、献血室、教学科研建筑等布置在环境安静的地段。

(5) 住院部获得最佳朝向,且满足日照间距要求。

(6) 有完整的绿化规划。

(7) 妥善安排医院的废弃物,且符合环境保护的有关规定。

(8) 出入口不少于两处,人员出入口与尸体、废弃物的出入口应分开;最好设三处出入口,将供应出入口和废弃物出入口分开;设传染病科者,必须设专用出入口。

(9) 医疗、医技区位于场地中心位置。其中,门诊部、急诊部应面向城市主要交通干道,且位于大门入口处。

(10) 门诊部、急诊部入口附近应有车辆停放场地。

(11) 行政办公及服务建筑与医疗区应保持一定距离,或路线互不干扰,同时便于医疗、医技区服务。

(12) 应充分利用场地地形、防护间距和其他空地等进行环境设计,并应有供病人活动的专用绿地。

(13) 职工住宅不得建在医院场地内,用地毗邻时,必须分隔开来,并另设出入口。

5. 综合医院总平面布置实例(图 8-23)

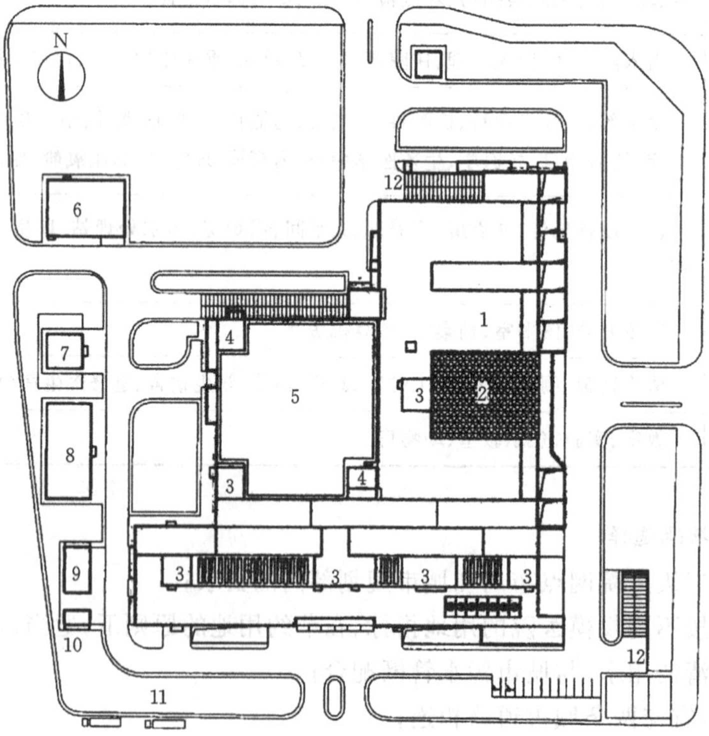

图 8-23 朝阳区垂杨柳医院总平面图

1—门诊医技病房楼;2—普通门诊大厅玻璃顶;3—电梯机房;4—楼梯间;5—屋顶绿化;6—高压氧舱;7—污水站;8—锅炉房;9—液氧站;10—地源泵房;11—绿地;12—地下车库出入口

8.12 博 物 馆

1. 博物馆的组成要素

博物馆由陈列区、藏品库区、技术和办公用房、观众服务设施等组成。

2. 博物馆的功能关系(图 8-24)

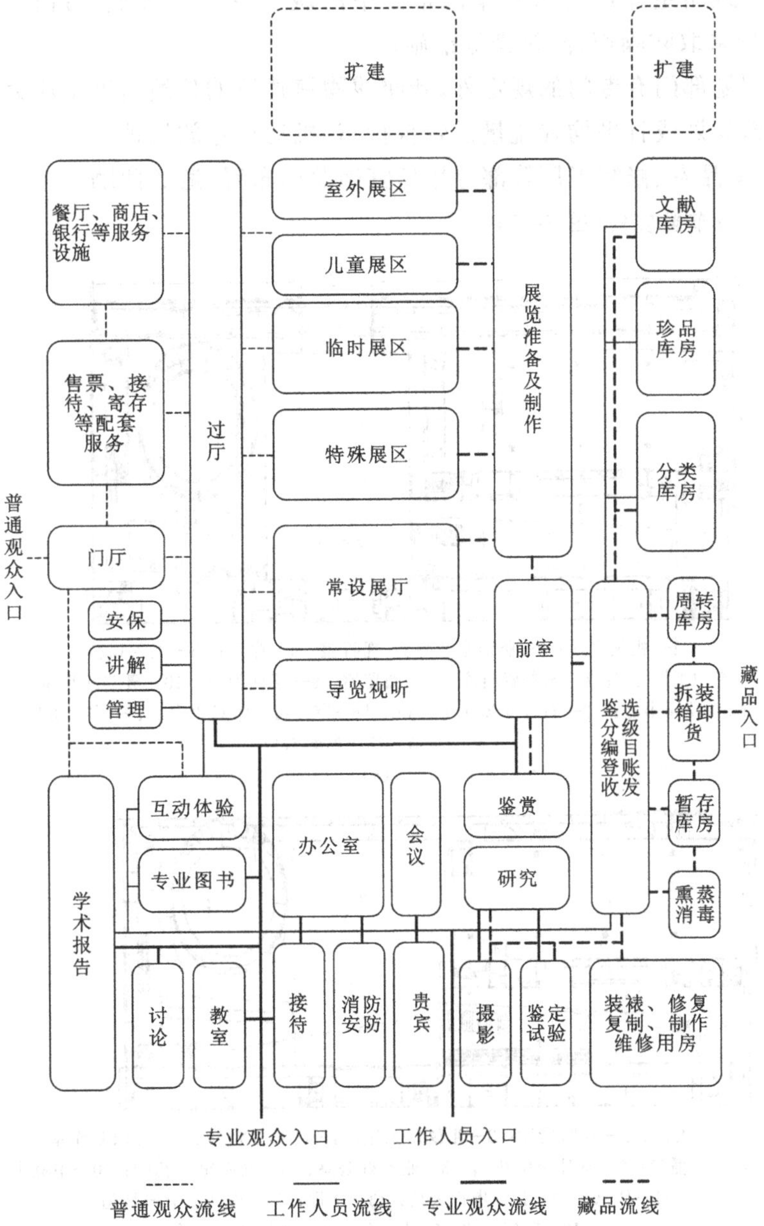

图 8-24 博物馆的功能关系图

3. 博物馆的场地选择

(1) 交通便利,城市公用设施较完备,具有适当发展余地;

(2) 不应选在有害气体和烟尘影响较大的区域内,与噪声源及储存易燃易爆危险品场所的距离应符合有关部门的规定；

(3) 场地干燥，排水通畅，通风良好。

4. 博物馆的总平面布置

(1) 大中型博物馆应独立建造，小型博物馆若与其他建筑合建，必须满足环境和使用功能要求，并自成一区，单独设置出入口；

(2) 馆区内宜合理布置观众活动、休息场地；

(3) 馆区内功能分区明确，室外场地和道路布置便于观众活动、集散和藏品装卸运输；

(4) 陈列室和藏品室库房若邻近车流量集中的城市主干道布置，沿街一侧的外墙不宜开窗，必须设窗时，应采取防噪声、防污染等措施；

(5) 除当地规划部门有专门的规定外，新建博物馆建筑的建筑密度不应大于40%；

(6) 根据建筑规划或日平均客流量设置自行车、机动车停放场地；

(7) 陈列室、藏品室、修复工厂等部分用房宜南北向布置，避免西晒。

5. 博物馆总平面布置实例(图 8-25)

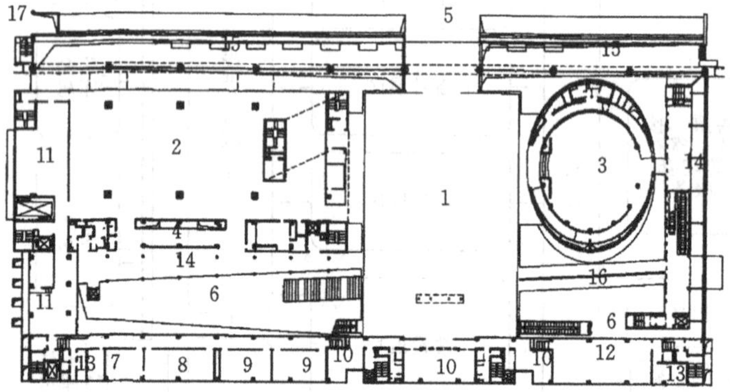

1—礼仪大厅；2—临时展厅；3—视听室；4—序厅；5—主入口桥；
6—中庭上空；7—图书资料库；8—阅览室；9—培训教室；10—贵宾接待室；
11—陈列设计中心；12—对外交流中心；13—办公室；14—休息平台；15—水景庭院上空；
16—坡道；17—车库入口

(a)

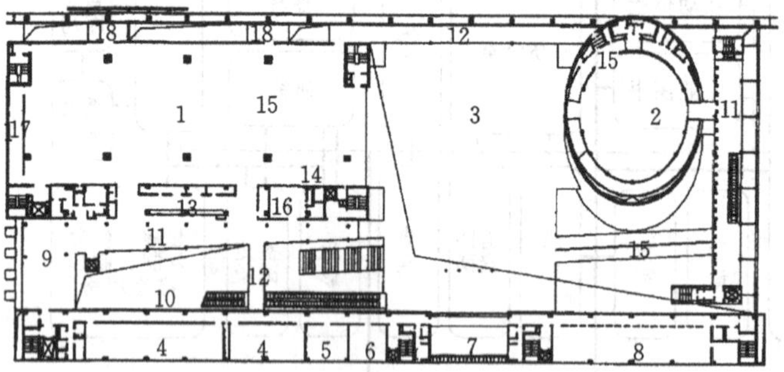

1—大厅；2—专题展厅；3—礼仪厅上空；4—考古鉴定室；5—音像制作室；
6—教育广播室；7—室外空中花园；8—业务办公室；9—室内空中花园；10—中庭上空；
11—休息平台；12—步行天桥；13—序厅；14—库房；15—坡道；
16—商店；17—室外平台；18—展厅休息平台

(b)

图 8-25 首都博物馆

(a)首层平面图；(b)二层平面图

8.13 商业建筑

1. 商业建筑的场地选择

(1) 宜选在城市商业区或主要道路的适宜位置;

(2) 大型商业场地应有不少于两个方向同城市道路相连;

(3) 商业场地不宜设在有甲类、乙类火灾危险性的厂房和仓库附近,也不宜设在易燃、可燃材料堆场附近;

(4) 居住区的商业用地宜位于居住区中心地段或居住区中心道路的两端。

2. 商业建筑的总平面布置

(1) 大中型商业建筑布置应考虑物流和消防需要,宜设交通道路;

(2) 大中型商业建筑的主要出入口前应设集散广场,便于人流、车流集散;

(3) 大中型商业建筑应设停车场或室内停车库;

(4) 商业建筑布局应处理好客流、物流、职工流的交通流线,且互不交叉干扰。

3. 商业建筑总平面布置实例(图 8-26)

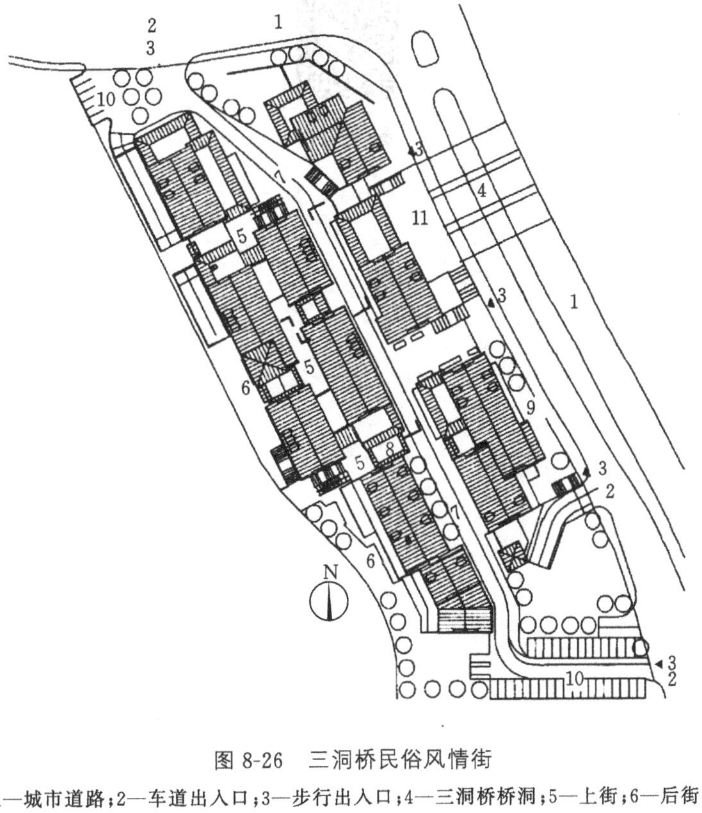

图 8-26 三洞桥民俗风情街

1—城市道路;2—车道出入口;3—步行出入口;4—三洞桥桥洞;5—上街;6—后街;7—中街兼隐形消防车道;8—内街;9—前街;10—室外停车场;11—三洞桥下沉广场

复习思考题

1. 托儿所、幼儿园的场地选择有哪些要求？
2. 托儿所、幼儿园的选址服务半径为多少？
3. 中小学各类用房组成有哪些？
4. 医院基地出入口布置要求是什么？
5. 图书馆的总平面布置要点有哪些？
6. 大型电影院主要入口前的道路通行宽度除不应小于安全出口的宽度总和外，还不应小于多少？
7. 办公建筑场地覆盖率是多少？容积率要求有哪些？
8. 文化馆的特征有哪些？
9. 剧场邻接道路宽度有什么要求？
10. 汽车客运站进站口、出站口布置要求有哪些？

参考答案

参考文献

[1] 赵晓光，党春红.民用建筑场地设计[M].3版.北京：中国建筑工业出版社，2022.
[2] 张伶伶，孟浩.场地设计[M].2版.北京：中国建筑工业出版社，2010.
[3] 中国建筑工业出版社.建筑设计资料集[M].3版.北京：中国建筑工业出版社，2017.
[4] 闫寒.建筑学场地设计[M].3版.北京：中国建筑工业出版社，2012.
[5] 雷明.场地竖向设计[M].北京：中国建筑工业出版社，2017.
[6] 杨铭山.道路及总平面竖向设计[M].北京：中国建筑工业出版社，2018.
[7] 斯塔克，西蒙兹.景观设计学：场地规划与设计手册[M].5版.朱强等译.北京：中国建筑工业出版社，2014.
[8] 吴良镛.广义建筑学[M].北京：清华大学出版社，2011.
[9] 刘敦桢.中国古代建筑史[M].2版.北京：中国建筑工业出版社，1984.
[10] 彭一刚.建筑空间组合论[M].2版.北京：中国建筑工业出版社，1998.
[11] 徐岩，蒋红蕾，杨克伟，等.建筑群体设计[M].上海：同济大学出版社，2000.
[12] 徐家钰，王凤丽，杜海明.道路工程[M].3版.上海：同济大学出版社，2015.
[13] 程大锦.建筑：形式、空间和秩序[M].4版.天津：天津大学出版社，2013.
[14] 王炳坤.城市规划中的工程规划[M].天津：天津大学出版社，2011.
[15] 卢济威，王海松.山地建筑设计[M].北京：中国建筑工业出版社，2001.
[16] 赵景伟，代朋，张婧，等.居住区规划设计[M].2版.武汉：华中科技大学出版社，2023.
[17] 阿尔伯特·J·拉特利奇.大众行为与公园设计[M].王求是，高峰，译.北京：中国建筑工业出版社，1990.
[18] 连泽峰，罗伯特·布朗，特里·格莱斯比.小气候与景观场地设计：营造人体热舒适与降低建筑能耗[M].南京：东南大学出版社，2024.
[19] 杨伯峻校注.孟子译注[M].北京：中华书局，2023.
[20] 计成.园冶[M].北京：中华书局，2017.
[21] 彭一刚.中国古典园林分析[M].北京：中国建筑工业出版社，1986.

后　记

在当今这个追求效率和产出比的时代，编写一本建筑学本科教材无疑是一项充满挑战的任务，它要求编者投入大量的时间和精力。虽然编写过程不尽如人意，但是我坚信，场地设计的专业知识和能力训练承载着建筑学专业教育的重要使命，能够拓宽学生的视野，激发他们的潜力和创造力。

在编写《场地设计》这本书的过程中，我和我的团队遇到了诸多困难。首先，我们必须在有限的时间内，确保全书内容的质量和深度。其次，我们需要在资源有限的情况下，完成这项工作。幸运的是，我们得到了武汉理工大学本科教材建设专项基金的资助，这为我们的工作提供了宝贵的支持。

在此，我要特别感谢研究生团队成员史明月、刘琦、肖雨轩、余建国、甘无任、周辰宇、熊攀，尤其是史明月同学。他们为本书的编写投入了大量的精力和智慧。没有他们的辛勤工作和不懈努力，这项工作是不可能完成的。同时，我也要感谢武汉理工大学出版社的杨涛社长和各位编辑，他们的专业指导和辛勤工作对本书的最终出版起到了关键作用。

此外，本书在编写过程中也参考了张伶伶教授、赵晓光教授等前辈学人出版的同类教材和相关书籍，在此不一一列出。这些参考资料为我们带来了深刻的启发，在此一并表示衷心的感谢。

期待这本书能够激发学生的兴趣，引导他们在知识的海洋里不断求索和前进。

谢宏杰

2024 年夏于珞樱楼